# 全球土壤与地下水修复技术专利热度分析报告

## （2000—2019）

QUANQIU TURANG YU DIXIASHUI XIUFU JISHU ZHUANLI REDU FENXI BAOGAO

全球土壤与地下水修复技术专利热度分析报告（2000—2019）编写组 / 编著

中国环境出版集团 · 北京

图书在版编目（CIP）数据

全球土壤与地下水修复技术专利热度分析报告. 2000—2019/全球土壤与地下水修复技术专利热度分析报告（2000—2019）编写组编著. —北京：中国环境出版集团，2021.5

ISBN 978-7-5111-4732-5

Ⅰ. ①全… Ⅱ. ①全… Ⅲ. ①土壤污染—修复—专利技术—研究报告—世界—2000-2019②地下水污染—修复—专利技术—研究报告—世界—2000-2019 Ⅳ. ①X52

中国版本图书馆 CIP 数据核字（2021）第 091887 号

出 版 人 武德凯
责任编辑 殷玉婷
策划编辑 陶克菲
责任校对 任 丽
封面设计 宋 瑞

出版发行 中国环境出版集团
（100062 北京市东城区广渠门内大街 16 号）
网 址：http://www.cesp.com.cn
电子邮箱：bjgl@cesp.com.cn
联系电话：010-67112765（编辑管理部）
发行热线：010-67125803，010-67113405（传真）
印 刷 北京中科印刷有限公司
经 销 各地新华书店
版 次 2021 年 5 月第 1 版
印 次 2021 年 5 月第 1 次印刷
开 本 787×960 1/16
印 张 7.75
字 数 110 千字
定 价 60.00 元

# 编写组

**组 长**

燕中凯　刘建国

**副组长**

王　睿　郭丽莉　刘　媛　张　曙　王玉红

**组 员**

张　甫　中国科学院合肥物质科学研究院
韦云霄　北京建工环境修复股份有限公司
彭　溶　中国环境保护产业协会
尚光旭　中国环境保护产业协会
闫　骏　中国环境保护产业协会
张　杰　中国环境保护产业协会
孟　晨　中国环境保护产业协会
马　辉　中国环境保护产业协会
韩宗秋　中国环境保护产业协会
陈俊华　北京建工环境修复股份有限公司
李传维　北京建工环境修复股份有限公司
曾　俊　北京建工环境修复股份有限公司

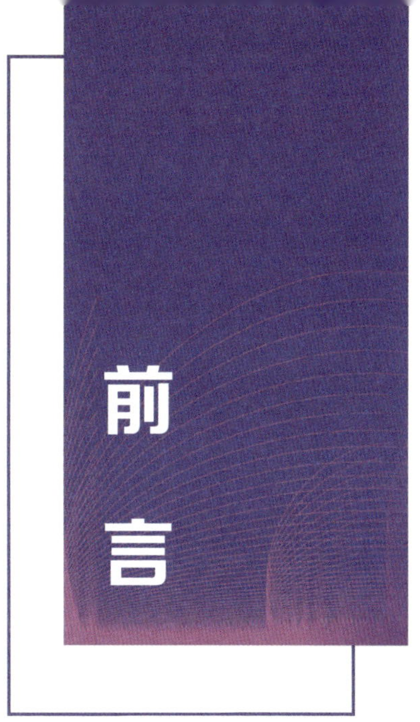

# 前言

土壤与地下水是大气环境和地表环境进行物质和能量交换的环境介质。但由于土壤与地下水环境的隐蔽性，人们对土壤污染与地下水污染的认识没有对大气污染和地表环境污染直接和敏感，因此，对土壤与地下水环境的关注度滞后于大气和地表环境。由于土壤污染物和地下水污染物会相互转化，且处于相同的地下环境，因此，人们通常将土壤污染和地下水污染一起进行研究。目前，土壤污染和地下水污染已经成为世界范围内普遍关注的环境问题。发达国家十分重视土壤污染和地下水污染的控制与治理。土壤污染和地下水污染的修复对于保护生物多样性、维持生态平衡、保证粮食安全等具有非常重要的意义，已经成为经济社会可持续发展的重要内容之一。20 世纪 80 年代以来，世界各国（特别是发达国家）纷纷制订并开展了土壤污染和地下水污染的治理与修复计划，逐渐形成了一个新兴的行业——土壤与地下水修复行业。在该行业中，已有的修复技术达到 100 多种，常用技术也有 10 多种。技术大致可分为物理、化学和生物 3 种类型。

在我国的发展历程中，土壤污染和地下水污染问题是与水污染、大气污染问题同时出现的，但由于其环境的隐蔽性和复杂性，一直得不到足够的重视。我国土壤与地下水修复行业的起步较晚，技术成熟程度要落后于水、大气、固体废物的治理行业。近年来，我国在宏观政策层面上对土壤与地下水修复行业的支持力度逐步加大，逐步制定了相关政策、法规，形成较为完善的环境保护体系。随着《土壤污染防治计划》（2016 年）、《污染地块土壤环境管理办法（试行）》（2017 年）的实施，以及 2018 年以来《中华人民共和国土壤污染防治法》（以下简称《土壤污染防治法》）经多次审议至 2019 年年初的出台实施，土壤污染场地修复拥有了新的市场需求。《土壤污染防治法》的出台突出“以提高环境质量为核心，实行最严格的环境保护制度”的理念，将立法作为解决土壤污染问题的根本性措施，立足于我国发展阶段的实际，着眼于国家的长远利益，为进一步完善生态环境保护法律、标准体系，为推进我国场地污染修复行业健康有序发展提供了强有力的制度保障。

据中国环境保护产业协会土壤与地下水修复专业委员会不完全统计，2007—2015 年我国公开招标的工业污染场地修复类工程项目金额共计约 60 亿元；2016 年我国公开招标的 39 个工业污染场地修复类工程项目金额共计约 29.4 亿元；2017 年我国公开招标的 109 个工业污染场地修复类工程项目金额共计约 35.9 亿元；2018 年公开招标的 200 个工业污染场地修复类工程项目金额共计约 60.6 亿元。行业规模正在持续扩大。

为全面了解近 10 年来有关土壤与地下水修复领域的技术总体发展态势，本书从国际、国内土壤与地下水修复的专利和论文研究入手，深度分析土壤与地下水修复领域专利热度，剖析技术发展方向和研究动态，以期为我国土壤与地下水修复领域企业和研究机构提供参考。

本书由中国环境保护产业协会、中国科学院合肥物质科学研究院、北京建工环境修复股份有限公司以及污染场地安全修复技术国家工程实验室 4 家机构人员组成的编写团队合作完成。由于时间仓促，资源和水平有限，书中难免存在疏漏、偏差，敬请各位读者批评指正。

目
录

# 土壤与地下水修复技术专利检索方法及技术分类简介

## 1.1　检索策略与数据来源

根据相关行业专家意见，本书编写组确定本书土壤和地下水修复领域分析专利的范围为授权专利，分析时间范围为 2000—2019 年。

专利检索方法：通过整理环境技术各子领域相关的国际专利分类（International Patent Classification，IPC）号、技术关键词，制定组合检索式。土壤与地下水修复领域相关检索可参照本书附表。

专利检索结果：在相关平台上进行检索，共检索到 2000—2019 年有 13 109 件授权发明专利（一件专利在其生命周期中可能会被公开多次，产生不同的公开文本。本书只对最新的授权专利进行分析）。本书以全部数据的技术生命周期为时间范围进行研究。

由于本书截稿于 2019 年 12 月，存在 2019 年的数据因专利未公开而未收录的情况，故本书中收录的 2019 年数据仅供参考。

专利数据来源：国家知识产权局专利检索与服务系统、Innography、智慧芽和 IncoPat 四家专利平台。

## 1.2　专利技术分类概况

本书侧重于研究土壤与地下水修复的相关技术方面的专利，另外，对于修复设备方面的专利在单独的章节也进行了分析。土壤与地下水修复技术的分类有多种方式，例如，按照污染物类型（重金属、VOCs、SVOCs、其他污染物等）分类、按照污染介质（土壤、地下水、底泥等）分类、按照处置方式（原位处理、异位处理、封堵、制度控制等）分类等。以上分类方法各有其优势，然而在进行实际专利标引中以上分类方法会出现一种技术难以归类或可归入多类的情况。为了尽可能地将所有检索到的专利技术囊括到分类中，并且尽可能精确地描述其技术种类，避免交叉重复，本书将按照专利的修复技术原理对修复专利技术进行分类，具体分为物理修复技术、化学修复技术、生物修复技术、修复技术联用和风险管控五大类（表 1-1）。

表 1-1　土壤与地下水修复核心专利技术分类

<table>
<tr><th colspan="5">土壤与地下水修复专利技术（按技术原理分类）</th></tr>
<tr><th>一级分类</th><th>二级分类</th><th>三级分类</th><th>四级分类</th><th>五级分类</th></tr>
<tr><td rowspan="13">物理修复技术（Physical Remediation Techniques）</td><td rowspan="10">热处理（Thermal Treatment）</td><td rowspan="8">热脱附（Thermal Desorption）</td><td rowspan="5">原位热脱附（In-situ Thermal Desorption）</td><td>蒸汽加热（Steam Enhanced Extraction）</td></tr>
<tr><td>燃气热传导加热（Gas Thermal Conduction Heating）</td></tr>
<tr><td>电热传导加热（Electrical Thermal Conduction Heating）</td></tr>
<tr><td>电阻加热（Electrical Resistance Heating）</td></tr>
<tr><td>微波加热（Microwave Heating）</td></tr>
<tr><td rowspan="2">异位热脱附（Ex-situ Thermal Desorption）</td><td>直接异位热脱附（Direct Ex-situ Thermal Desorption）</td></tr>
<tr><td>间接异位热脱附（Indirect Ex-situ Thermal Desorption）</td></tr>
<tr><td colspan="2">尾水尾气处理（Waste Water/Gas Treatment）</td></tr>
<tr><td colspan="3">水泥窑协同处置（Co-processing In Cement Kiln）</td></tr>
<tr><td colspan="3">焚烧（Incineration）</td></tr>
<tr><td rowspan="3">抽提（Extraction）</td><td colspan="3">气相抽提（Soil Vapor Extraction）</td></tr>
<tr><td colspan="3">双相抽提（Dual-phase Extraction）</td></tr>
<tr><td colspan="3">多相抽提（Multi-phase Extraction）</td></tr>
</table>

<table>
<tr><th colspan="5">土壤与地下水修复专利技术（按技术原理分类）</th></tr>
<tr><th>一级分类</th><th>二级分类</th><th>三级分类</th><th>四级分类</th><th>五级分类</th></tr>
<tr><td rowspan="7">物理修复技术（Physical Remediation Techniques）</td><td rowspan="4">土壤淋洗（Soil Washing）</td><td colspan="3">淋洗剂（Washing Reagent）</td></tr>
<tr><td rowspan="3">淋洗工艺（Washing Technique）</td><td colspan="2">解泥（Desliming）</td></tr>
<tr><td colspan="2">筛分（Screening）、旋流（Cyclone）</td></tr>
<tr><td colspan="2">泥浆处理、固液分离（Sludge Treatment，Solid/Liquid Seperation）</td></tr>
<tr><td colspan="4">地下水曝气（Air Sparging）</td></tr>
<tr><td colspan="4">电动修复（Electro-dynamic Treatment）</td></tr>
<tr><td colspan="4">吸附（Adsorption）</td></tr>
<tr><td rowspan="15">化学修复技术（Chemical Remediation Techniques）</td><td colspan="4">电化学修复（Electrochemistry-kinetic Remediation）</td></tr>
<tr><td colspan="4">光催化（Photocatalysis）</td></tr>
<tr><td rowspan="2">化学萃取/冲洗（Chemical Extraction/Flushing）</td><td colspan="3">表面活性剂（Surfactant）</td></tr>
<tr><td colspan="3">工艺、方法（Processes，Methods）</td></tr>
<tr><td rowspan="2">固化/稳定化（Solidification/Stabilization）</td><td colspan="3">药剂（Remediation Reagents）</td></tr>
<tr><td colspan="3">工艺、方法（Processes，Methods）</td></tr>
<tr><td>土壤改良（Soil Improvement）</td><td colspan="3">改良剂（Amendment）</td></tr>
<tr><td rowspan="8">化学氧化/还原（Chemical Oxidation/Reduction）</td><td rowspan="2">化学修复药剂（Chemical Remediation Reagents）</td><td colspan="2">氧化剂（Oxidant）</td></tr>
<tr><td colspan="2">还原剂（Reductant）</td></tr>
<tr><td rowspan="6">药剂加入工艺（Injection Process）</td><td rowspan="3">异位（Ex-situ）</td><td>双轴搅拌（Dual-axis Mixing）</td></tr>
<tr><td>破碎、筛分、药剂混合搅拌（Blending）</td></tr>
<tr><td>设备元件（Equipment）</td></tr>
<tr><td rowspan="3">原位（In-situ）</td><td>浅层搅拌（Shallow Mixing）</td></tr>
<tr><td>高压旋喷（High Pressure Rotary Jet Grouting）</td></tr>
<tr><td>原位注入（In-situ Injection）</td></tr>
</table>

<table>
<tr><th colspan="5">土壤与地下水修复专利技术（按技术原理分类）</th></tr>
<tr><th>一级分类</th><th>二级分类</th><th>三级分类</th><th>四级分类</th><th>五级分类</th></tr>
<tr><td rowspan="11">生物修复技术（Bioremediation Techniques）</td><td rowspan="7">微生物修复（Microbial Remediation）</td><td colspan="2" rowspan="2">生物通风（Bioventing）</td><td>通风系统（Venting System）</td></tr>
<tr><td>营养液注入系统（Nutrient Injection System）</td></tr>
<tr><td colspan="2" rowspan="2">生物堆（Biopiles）</td><td>生物堆组成（Biopile Components）</td></tr>
<tr><td>生物堆反应器（Biopile Reactor）</td></tr>
<tr><td colspan="3">空气注入/生物曝气（Air Sparging/Biosparging）</td></tr>
<tr><td colspan="3">泥浆相生物处理（Slurry Phase Biological Treatment）</td></tr>
<tr><td colspan="3">菌种筛选（Microbe Selection）</td></tr>
<tr><td rowspan="2">植物修复（Phytoremediation）</td><td colspan="3">植物筛选（Plant Selection）</td></tr>
<tr><td colspan="3">种植工艺（Planting Process）</td></tr>
<tr><td colspan="4">强化生物修复 （Enhanced Bioremediation）</td></tr>
<tr><td colspan="4">人工湿地修复技术（Artificial Wetland Technique）</td></tr>
<tr><td rowspan="4">修复技术联用（Combined Remediation Techniques）</td><td colspan="4">物理技术协同（Physical Technology Integration）</td></tr>
<tr><td colspan="4">化学技术协同（Chemical Technology Integration）</td></tr>
<tr><td colspan="4">物理-化学技术联用（Combined Physical and Chemical Technology）</td></tr>
<tr><td colspan="4">化学-生物技术联用（Combined Chemical and Biological Technology）</td></tr>
<tr><td rowspan="7">风险管控（Risk Management and Control）</td><td colspan="4">可渗透反应墙（Permeable Reactive Barriers，PRB）</td></tr>
<tr><td colspan="4">监控式自然衰减（Monitored Natural Attenuation，MNA）</td></tr>
<tr><td colspan="2" rowspan="2">阻隔/覆盖（Containment/Capping）</td><td colspan="2">垂直阻隔技术（Vertical Engineered Barrier）</td></tr>
<tr><td colspan="2">水平阻隔技术（Horizontal Engineered Barrier）</td></tr>
<tr><td colspan="4">安全填埋（Landfill）</td></tr>
<tr><td colspan="4">制度控制（Institutional Control）</td></tr>
<tr><td colspan="4">水力控制（Hydraulic Control）</td></tr>
</table>

## 1.3 常见概念

专利受理局：负责代表专利申请人将专利提交给某区域知识产权管理机构。如果某美国公司在中国国家知识产权局申请专利，该公司就需要在中国的专利受理局办理相关业务。人们较为熟悉的专利受理局有中国国家知识产权局、欧洲专利局、日本特许厅、韩国特许厅、美国专利商标局和世界知识产权局等。

专利申请人国籍：依据专利申请人所在国籍判断专利技术归属。例如，某美国公司在中国国家知识产权局申请专利时，我们就界定其专利申请人国籍为美国。本书对技术专利国别的归类大部分是以专利申请人国籍为基础，在技术流向分析层面依据专利受理局所在国家和专利申请人国籍共同分析。

核心专利：Innography 专利平台对于核心专利主要通过判别是否原创、被引次数的多少、专利家族的大小、专利权利要求的数量、专利审查的时间以及许可、诉讼等综合指标来表征其专利强度的大小。一般认为专利强度在 80～100 th 的专利为核心专利。本书中提到的核心专利即是指专利强度在 80～100 th 的专利。

专利权利转移：表示专利权的权利人发生了变更，变更的原因可能是转让、赠与或继承。

专利许可：也称专利许可证贸易，是指专利技术所有人或其授权人许可他人在一定期限、一定地区，以一定方式实施其所拥有的专利并向他人收取使用费用。专利许可分为制造许可、使用许可、销售许可等，对专利技术成果起到转化、应用和推广的作用。

国际专利分类（IPC）：根据 1971 年签订的《国际专利分类斯特拉斯堡协定》编制的唯一的国际通用专利分类。

聚类分析：一种采用 IncoPat 专利平台的语义算法提取专利标题、摘要和权利要求中的关键词，根据语义相关度分析出不同类别的主题，从而归纳技术研发热点的分析方法。

技术生命周期：一项技术从基础科学研究或应用科学研究衍生发展到产品的开发与设计，再到该产品进入市场直至推广到整个市场的时间。一般将技术生命周期划分为 4 个阶段：导入期、成长期、成熟期、衰退期。①导入期，一项新技术自其在实验室诞生至最初被引入市场的时期，特点是该技术领域专利申请数量较少，属于基础性创新时期。②成长期，这一时期基本的技术问题已经解决，市场不确定性消除，新技术逐渐赢得市场认同并快速发展，特点是市场扩大、企业增多、技术分布范围扩大、该技术领域专利申请数量激增。③成熟期，新技术经历了导入期、成长期之后即进入成熟期，此时，技术赢得了社会的广泛认同，并为广大用户所采用，特点是该技术领域的企业数量趋于稳定、专利申请数量增速放缓。④衰退期，新技术经历了成长期和成熟期后进入衰退期，此时，技术领先优势逐渐消失，特点是技术成熟老化、企业因收益递减而退出市场、该技术领域专利的年度申请数量呈负增长趋势。

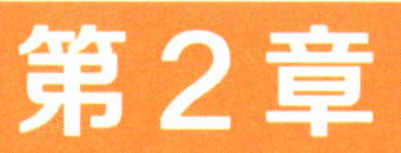


# 土壤与地下水修复技术专利布局热度分析

## 2.1 全球土壤与地下水修复技术专利布局热度

### 2.1.1 技术生命周期

根据全球土壤与地下水修复技术专利申请数量与专利申请人数量随时间的推移而变化的技术生命周期图（图 2-1），可将专利[①]技术生命周期划分为 4 个阶段。

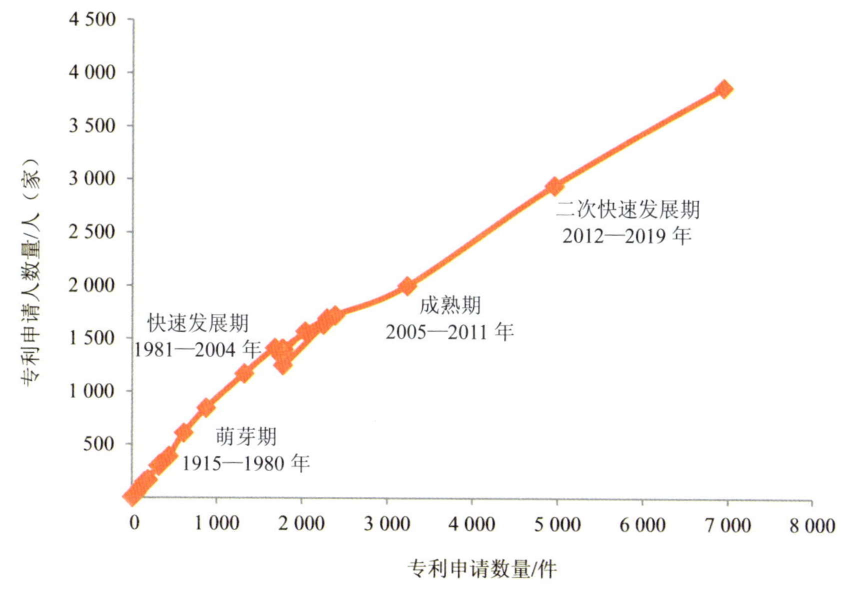


图 2-1 全球土壤与地下水修复专利技术生命周期

（1）1915—1980 年，专利申请人数量和专利申请数量增长缓慢，年度专利申请数量均未超过 100 件，年度专利申请人数量也均未超过 100 人（家），专利技术发展比较缓慢，属于技术领域的萌芽期和导入期。

① 如无特别说明，“专利”指土壤与地下水修复技术专利，下同。

（2）1981—2004 年，专利申请数量和专利申请人数量增长迅速，其中，专利申请数量于 1981 年首次突破 100 件；2001 年更是突破 1 000 件，年均增长率达到 10.83%，说明土壤与地下水修复技术处于成长期。1978 年美国“拉夫运河事件”爆发后，世界各国（特别是发达国家）纷纷制订了污染土壤和地下水治理与修复计划。这些政策促进了修复技术的快速发展。

（3）2005—2011 年，专利申请数量有所下降，专利申请人数量增幅减小，说明土壤与地下水修复技术进入成熟期。

（4）2012—2019 年，专利申请数量和专利申请人数量又开始迅速增长，该阶段年均增长率达到 15.56%，其增长速度明显超越第一阶段的成长速度，这也是该技术领域第二次出现快速发展的时期，说明技术领域有所突破，吸引力不断增强。目前中国土壤和地下水修复事业的飞速发展促使该阶段呈现出专利技术繁荣发展的局面。其中，2004 年“宋家庄地铁站施工工人中毒事件”、2013 年《人民日报》对武汉赫山地块土壤污染的报道，极大地促进了社会对土壤与地下水污染修复行业的关注；2016 年出台的《土壤污染防治行动计划》和 2019 年正式实施的《土壤污染防治法》则促进了行业的有序发展，加快了行业的技术升级。

### 2.1.2 全球授权专利公开趋势

从技术领域的授权专利公开趋势（图 2-2）来看，土壤与地下水修复技术领域近 20 年处于快速发展期，其中 2000—2009 年处于较慢的发展期，授权专利公开（以下简称授权专利）数量呈现波动上升的态势。2010 年之后技术领域授权专利数量开始快速增长。结合专利的技术生命周期来看，实际上 2000—2009 年技术领域专利布局已经呈现增量缓慢的态势，表明技术领域成熟。2010 年之后的专利布局量快速增长，主要贡献区域来自中国。这一时期，我国相关环保政策的出台带动了技术领域专利布局的发展。

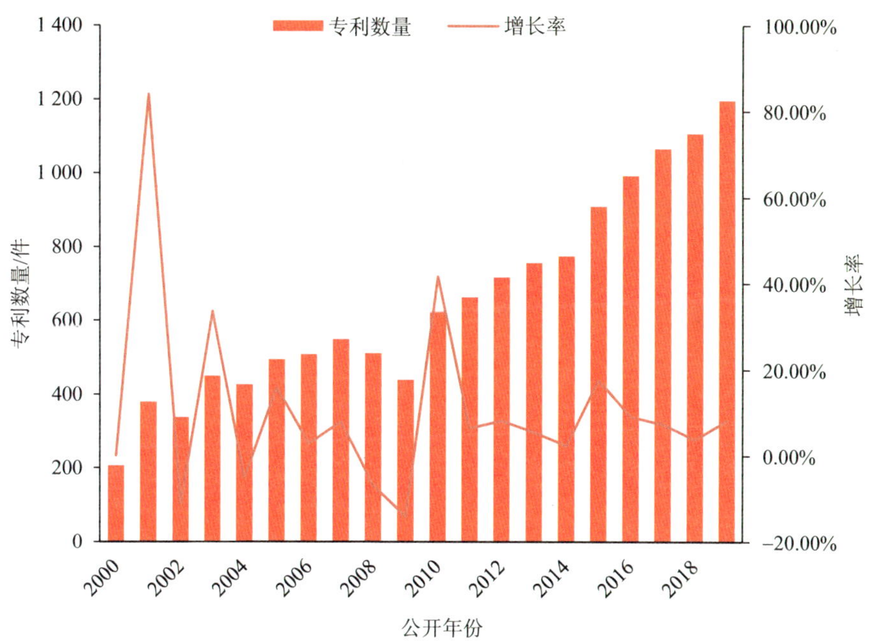


图 2-2　2000—2019 年全球土壤与地下水修复技术授权专利公开趋势

### 2.1.3　全球授权专利区域分布

本书以专利申请人所在区域统计各地的授权专利数量（图 2-3），2000—2019 年授权专利数量超过 1 000 件的国家（或地区）分别是中国、日本、韩国和美国，其中，中国的授权专利数量最多，达到 4 579 件；日本的授权专利数量超过 3 000 件排名第二；韩国和美国的授权专利数量相近，分别为 1 643 件和 1 392 件，排名第三和第四；欧洲的授权专利数量也较多，达到 799 件；其他国家和地区授权专利数量较少，均在 160 件以下。

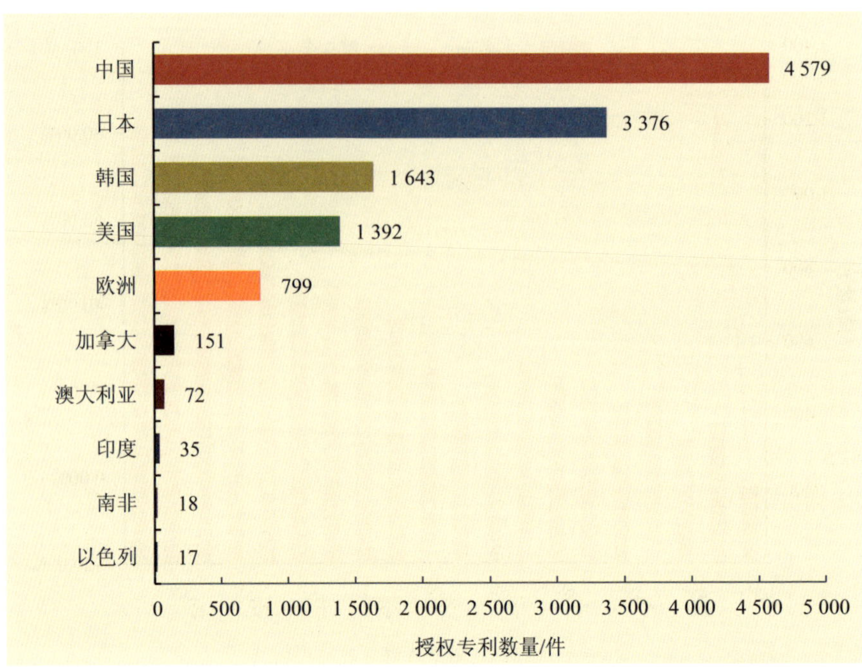


图 2-3 全球土壤与地下水修复技术授权专利区域分布（2000—2019）

## 2.2 发达国家和地区土壤与地下水修复技术专利布局热度

### 2.2.1 发达国家和地区授权专利公开趋势

本节通过分析专利申请人所在国家的授权专利的相关资料，探讨主要发达国家和地区（包括日本、韩国、美国和欧洲）的授权专利趋势。

如图2-4所示，2000—2010年日本授权专利公开趋势呈现波浪上升态势，是主要发达国家中专利布局力度最大的。随着日本工业化进程的不断加速，以重金属污染为特征的城市型土壤污染日益显现。为进一步满足社会对城市型土壤污染防治的要求，日本于2002年颁布了《土壤污染对策法》。该法弥补了城市用地土壤污染防治法律方面的空白，成为日本土壤污染防治的主要法律依据。《土壤污染对策法》分别于2005年、2006年、2009年、2011年和2014年进行了修订，进一步完善了相关条款。日本以政策法律引导修复产业的布局，促进了修复技术的蓬勃发展。2010年之后，日本相关专利申请数量下降，说明其技术开始成熟，产业和技术发展相对稳定。

从已经授权专利的公开趋势来看，韩国前期专利布局力度较小，随着时间的推移，近年来开始不断加大布局力度，表明其技术发展仍然比较积极。

美国是较早开展土壤与地下水修复技术研究的国家之一。“拉夫运河事件”引起了美国政府和民众对土壤污染与修复的强烈关注，并于 1980 年 12 月通过了《超级基金法案》，推动环境修复行业的快速发展。从近 20 年的授权专利公开趋势来看，美国 2000 年前后专利布局较为积极，随后一直呈现不断萎缩态势，2013 年以后，技术领域布局的力度又开始加大。美国土壤修复市场在 2000—2010 年已进入成熟饱和状态，该时期的专利布局呈现持续萎缩状态。2013 年之后，美国在土壤修复领域专利布局的力度重新加大，或与中国土壤修复市场的蓬勃发展密切相关。经过 40 多年的积累，目前美国土壤修复技术和管理经验均较成熟、领先，并具有较强的技术能力和技术输出意愿。另外，中国土壤修复市场的巨大潜力也促进了美国在相关技术领域的二次布局和技术迭代。

欧洲对土壤与地下水修复技术研究较早，技术与市场都较为成熟，尤其以荷兰、英国的土壤污染防治体系最为完善。从近 20 年的授权专利公开趋势来看，欧洲国家 2000—2004 年的专利布局量较为平稳，后期专利布局量为下滑趋势，但是整体表现较为平稳。从欧洲的政策法律方面来看，为了确定修复污染场地，欧盟委员会于 2006 年 9 月通过了一份关于土壤保护的专题战略草案，其中包含《土壤框架指令》的草案。该草案要求欧盟各成员国防治土壤污染，制定污染场地清单，并修复已确定的污染场地。由于欧洲土壤与地下水修复技术领域发展成熟，该期间专利布局一直保持稳定。2013—2015 年技术领域布局量有小幅上升，主要是由于对外布局和技术迭代的推动。

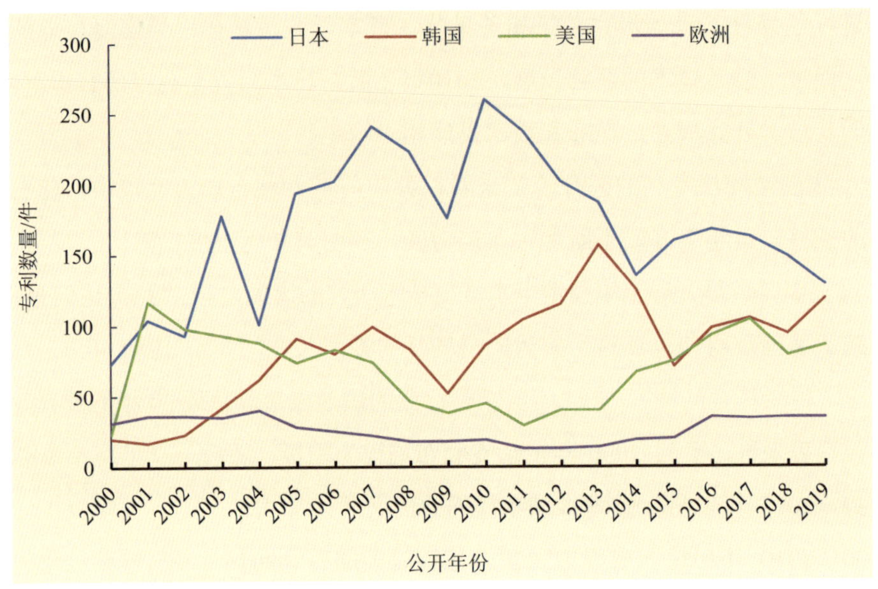


图 2-4　发达国家和地区土壤与地下水修复技术主要专利申请人国家授权专利公开趋势

## 2.2.2　发达国家和地区专利技术输入/输出分析

从土壤与地下水修复技术主要专利申请人国家和地区技术输入/输出分析（图 2-5）可知：①日本籍专利申请人在其本国申请的专利数量占比达到 89%，其对外布局主要在美国（3%）、中国（2%）、欧洲（2%）和韩国（2%）；②韩国籍专利申请人布局基本集中在其本国，专利数量占比高达 96%；③美国籍专利申请人在其本国申请的专利数量占比为 71%，其对外布局主要在加拿大（6%）、欧洲（5%）、澳大利亚（4%）、中国（3%）和日本（3%）；④欧洲籍专利申请人在欧洲申请的专利数量占比为 60%，其对外布局主要集中于美国和中国，其中在美国布局比重高达 20%。

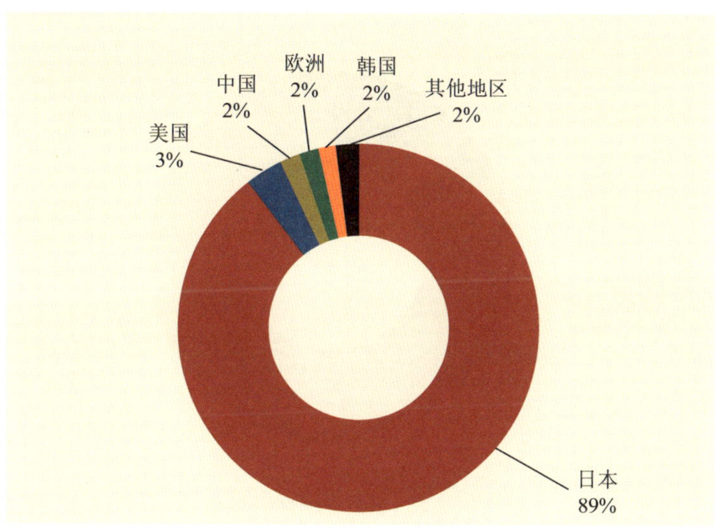


a. 日本籍专利申请人专利布局区域

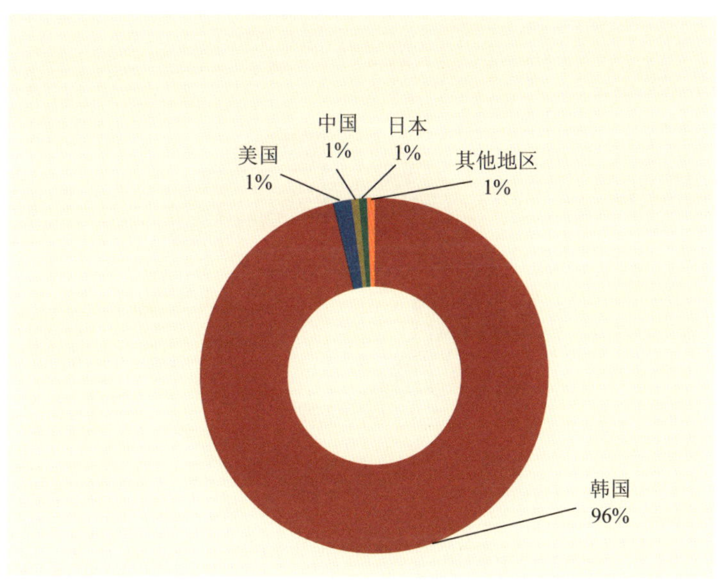


b. 韩国籍专利申请人专利布局区域

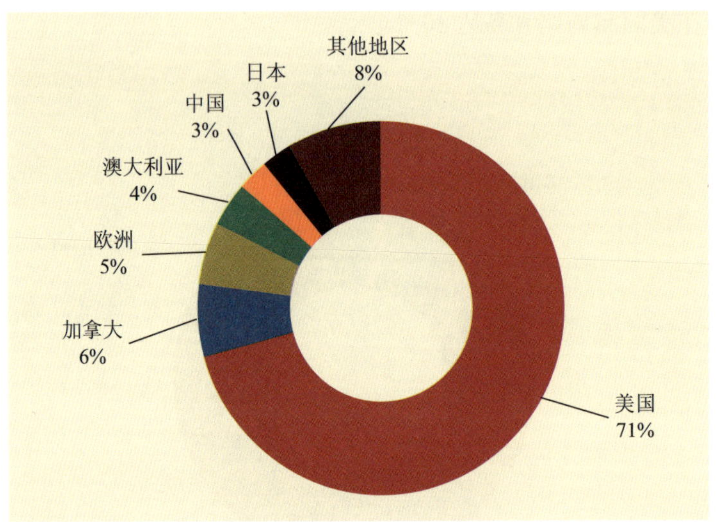


c. 美国籍专利申请人专利布局区域

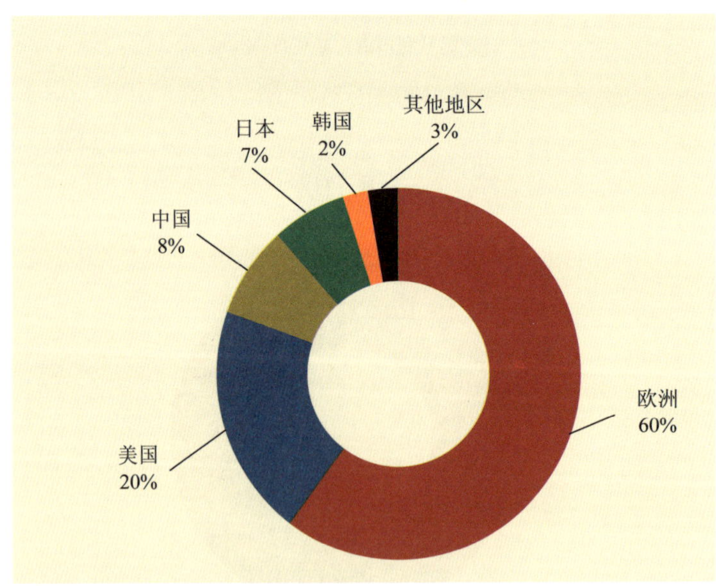


d. 欧洲籍专利申请人专利布局区域

**图 2-5　土壤与地下水修复技术主要专利申请人国家和地区技术输入/输出分析**

注：由于四舍五入导致本书数据修约后百分比总数可能略大于或小于 100%，特此说明。

由以上分析可以看出，亚洲国家中，日本和韩国主要将专利布局于其国内。其中，日本有部分对外布局，而韩国则是偏向于保护其国内市场。美国、欧洲属于典型的技术输出国家（或地区），美国的技术输出区域相对广泛，欧洲输出技术重点区域是美国、中国和日本。各国家和地区在技术输出过程中，重点布局的区域一般都集中在美国、中国和日本，说明这些区域是技术应用的重点区域，拥有较大市场空间。

## 2.3　中国土壤与地下水修复技术专利布局热度

### 2.3.1　中国授权专利公开趋势

如图 2-6 所示，中国授权专利的公开趋势呈前期布局较少、后期大幅增长的态势。中国每年的专利数量在 2009 年以前均未超过 100 件，2010 年突破 100 件，随后一直保持增长态势，到 2019 年专利数量已经突破 700 件。从中国专利数量占全球专利数量比例来看，2000—2008 年都保持在 10%以下，2010 年超过 20%，2015 年超过 50%，2019 年已经超过 60%。从专利数量占比增长态势来看，中国在 2010 年以后逐渐成为全球布局土壤与地下水修复技术的重要区域。

中国对土壤污染的关注始于 2004 年北京宋家庄地铁站在施工过程中发生的工人中毒事件，并于 2007 年开始首例污染场地土壤修复项目。2007 年以后，中国对污染土壤修复的关注和重视程度与日俱增，主要体现为政策密集发布与行业市场体量的增长。因此，针对中国在 2010 年后技术专利布局的快速增长现象，可以从政策和市场两大方面进行分析。

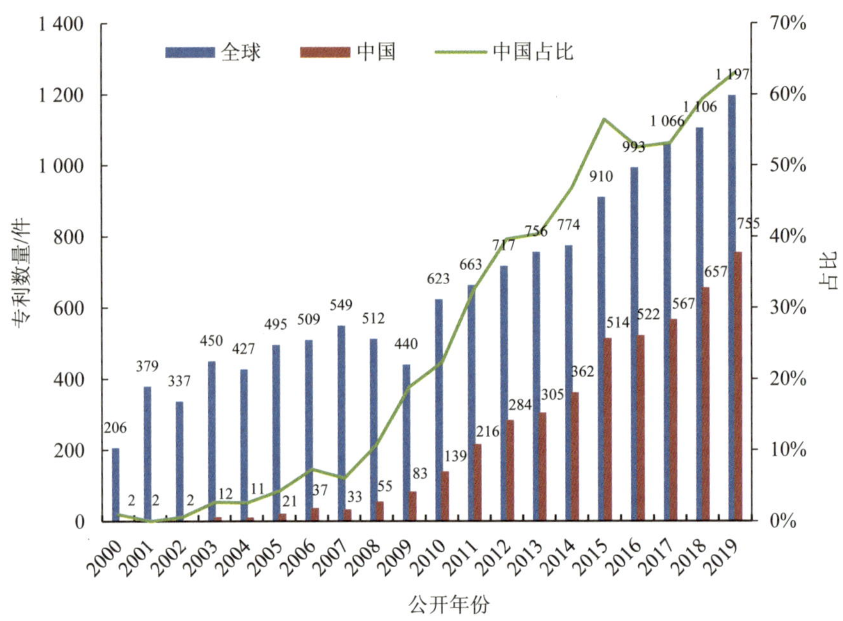


**图 2-6 中国土壤与地下水修复技术授权专利公开趋势**

从政策的角度来分析，中国在土壤修复领域专利布局的加强与国家对土壤污染治理的重视密不可分。2011 年中国发布了《重金属污染综合防治“十二五”规划》等 3 份与土壤污染治理相关的文件，浙江等地也发布了地方的清洁土壤行动计划，从政策上促进了土壤修复行业的快速发展。2011 年以后，国家和地方工业污染场地修复政策、标准、规范等的制定和发布加速进行，对促进污染场地修复技术的快速发展作用重大。另外，在“云南陆良铬渣污染事件”“兰州自来水苯污染”等事件的影响下，公众环保意识的提高、媒体增加对工业污染场地的舆论监督，都在一定程度上促进了土壤污染场地修复行业的发展。

2018 年 8 月 31 日，第十三届全国人大常委会第五次会议通过了《土壤污染防治法》，自 2019 年 1 月 1 日起施行。在《土壤污染防治法》出台之前，《环境保护法》《土地管理法》《水污染防治法》《固体废物污染环境防治法》等法律法规对土壤污染防治有明确的规定，但未形成独立、完整的体系，也未涉及土壤污染防治的监管、修复以及相应的法律责任。《土壤污染防治法》是我国首部土壤污染防治专门法律，填补了我国污染防治立法的空白，完善了我国生态环境保护体系和污染防治的法律制度体系。该法就土壤污染防治的基本原则、基本制度、预防保护、管控和修复、经济措施、监督检查和法律责任等重要内容做出了明确规定。

《土壤污染防治法》实施以来，我国土壤污染防治管理工作取得了长足发展，2019 年相继出台各类配套政策、法规、标准、规范 50 余项。《土壤污染防治专项资金管理办法》（财资环〔2019〕11 号）、《地下水污染防治实施方案》（环土壤〔2019〕25 号）、《关于建立激励机制加快推进矿山生态修复的意见（征求意见稿）》（自然资生态修复函〔2019〕10 号）等一系列政策文件的出台，极大地促进了土壤修复行业的快速发展，为行业发展提供了行动计划和规范指南，也为修复市场的长远发展提供了政策保障。此外，《建设用地土壤污染状况调查技术导则》（HJ 25.1—2019）、《建设用地土壤污染风险管控和修复监测技术导则》（HJ 25.2—2019）、《建设用地土壤污染风险评估技术导则》（HJ 25.3—2019）和《建设用地土壤修复技术导则》（HJ 25.4—2019）、《污染地块风险管控与土壤修复效果评估技术导则（试行）》（HJ 25.5—2018）、《污染地块地下水修复和风险管控技术导则》（HJ 25.6—2019）等污染地块相关环境保护标准的更新、补充以及相关方案评审指南文件的发布，为污染场地修复与风险管控系列工作的开展构建了系统性的管理体系，进一步规范了污染场地修复各阶段工作的实施。

配套政策的密集出台促进了土壤修复行业的技术水平和标准化的提升，直接加速了相关从业单位在该领域的技术专利布局。同时，政策保障的稳步推进也促使修复市场繁荣发展。自 2007 年首例商业化的土壤修复工程成功实施以来，中国修复项目数量和资金量总体上呈逐年上升的趋势（图 2-7）。

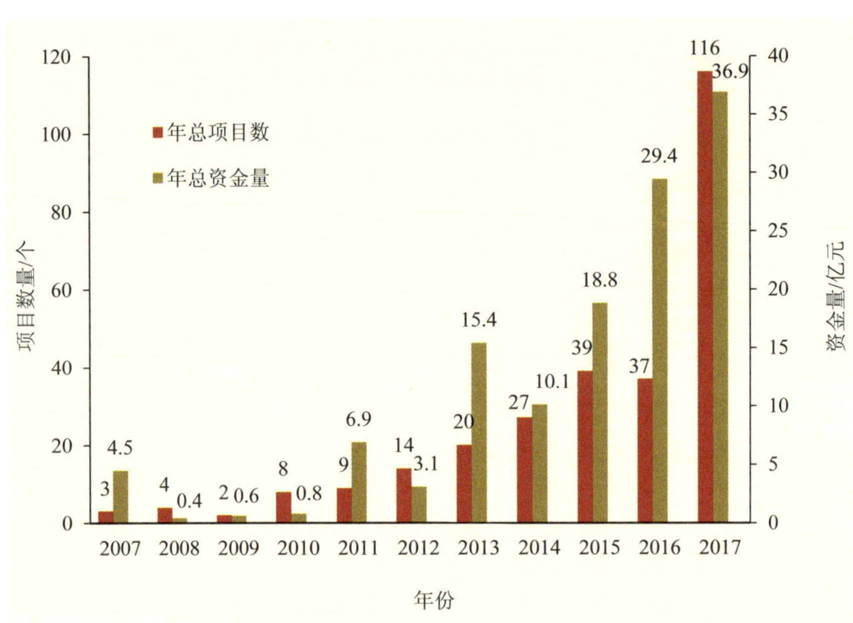


**图 2-7　中国修复项目数量、资金量年际变化**

注：统计样本数量为 279 个，统计时间截至 2017 年。

由图 2-7 可知，2007—2011 年每年工业污染场地修复项目数量均不足 10 个，表明该阶段为我国工业场地修复萌芽阶段。从 2012 年开始每年工业污染场地的数量超过 10 个，新增项目数量逐年增多，2017 年当年项目数量达到 116 个，随着项目数量的增多，年资金量也呈上升趋势，从 2016 年开始，年资金总量近 30 亿元，表明该阶段是我国工业场地修复起步阶段。

2019 年，土壤与地下水修复从业企业比 2018 年增长近 2 倍，达 1 万多家。市场容量进一步释放，修复工程类合同额首次突破 100 亿元，尤其如天津农药厂地块污染修复项目、苏州溶剂厂地块污染修复项目等一批大型修复项目成功签约，点燃了修复市场的高涨情绪。另外，从中央土壤污染防治专项资金拨付情况来看，2019 年预算额在经历两年下降后再次转为上升，同比大幅增长 42.9%，金额为 50 亿元，且土壤修复资金预算额占污染防治资金预算总额比重也由 2018 年的 7.95%增长至 2019 年的 8.33%。修复市场的快速发展，催生了行业全产业链的进一步精细化分工和企业的发展转型，除如北京建工环境修复股份有限公司、北京高能时代环境技术股份有限公司、中科鼎实环境工程有限公司等一批具有多年积累的综合性企业外，在项目咨询、工程设计、机械装备、药剂材料等方面也诞生了一批专业的技术公司，发展潜力不容小觑。

由上述分析可知，2011 年以来，修复项目数量和资金量均呈快速增长的趋势，市场的蓬勃发展直接刺激了技术研发热度，从而对中国的土壤修复从业单位在相关技术专利布局的加强起到了直接的推动作用。

### 2.3.2　中国技术输入/输出分析

我国作为近年来专利数量最多的国家，专利布局主要集中于国内，占比高达 99%，如图 2-8 所示。其他地区布局，主要集中在美国、日本、澳大利亚和韩国，其中美国的布局占比最多。

由于当前政策的驱动，中国市场对土壤与地下水修复技术的需求很大，因此我国当前专利布局主要集中在国内。中国专利布局时间集中在近 10 年，专利技术成熟度和领先性与发达国家还有一定差距，布局国外市场仍缺乏一定竞争力。从之前分析的国外主要领先国家的布局情况来看，中国是国外专利申请人积极布局的区域之一，说明国外专利申请人对中国国内市场高度重视，这给中国专利申请人带来了一定的竞争压力。因此，编者提醒中国专利申请人，未来要积极在技术上寻求突破，并且注重专利全球布局和专利侵权风险防范。

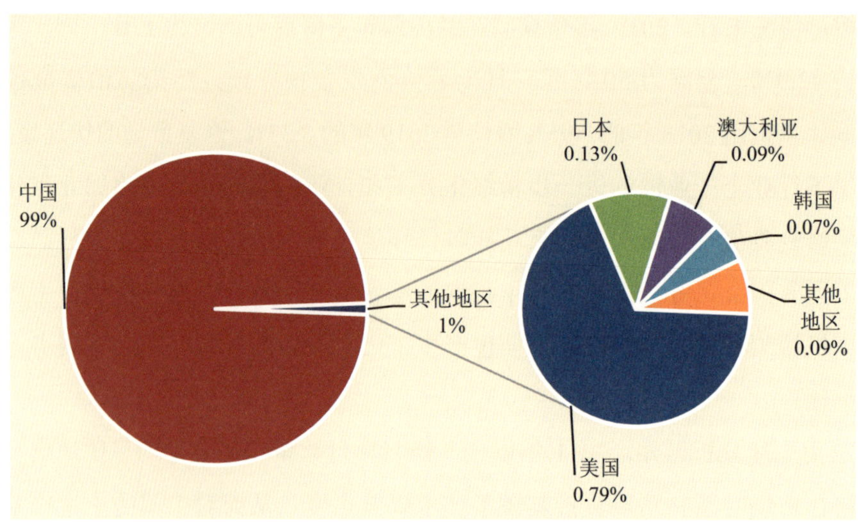


图 2-8 中国土壤与地下水修复技术输入/输出分析

# 主要土壤与地下水修复技术专利持有机构竞争力分析

## 3.1 专利申请人类型分析

如表 3-1 所示，各种全球土壤与地下水修复技术专利申请人类型中，企业占比达到 65.40%，院校和研究所占比为 30.12%，个人占比为 12.42%。企业是技术创新的主体。从申请人区域来看，中国的专利申请人企业类型占比低于全球平均水平，院校和研究所类型专利申请人占比较高，个人类型申请人占比也低于全球平均水平。日本、韩国和美国专利申请人企业类型占比均超过了 70%（日本超过了 90%）。出现这种现象的主要原因是我国当前企业的研发能力较为欠缺，技术研究者和开发者聚集在院校和研究所中。

表 3-1 2000—2019 年全球主要国家和区域土壤与地下水修复技术专利申请人占比

| 专利申请人类型 \ 国家和区域 | 全球 | 中国 | 日本 | 韩国 | 美国 |
| --- | --- | --- | --- | --- | --- |
| 企业 | 65.40% | 41.58% | 90.67% | 70.42% | 77.37% |
| 院校和研究所 | 30.12% | 57.72% | 7.43% | 22.52% | 11.64% |
| 个人 | 12.42% | 5.48% | 10.90% | 25.14% | 12.28% |

由各类专利申请人年度占比变化趋势（图 3-1）可知，企业类型专利申请人前期占比高，从 2007 年开始，该类型专利申请人占比开始下降。院校和研究所类型专利申请人在 2007 年以前占比较为稳定，2007 年以后整体占比呈现不断增加的趋势。个人类型专利申请人占比呈现前期稳定、中期有所下降、后期较稳定的态势。结合各类型专利申请人变化趋势来看，院校和研究所的专利布局占比近些年不断增加，其作为创新主体变得越来越重要。结合各国情况来看，院校和研究所的专利布局增加主要来源于中国，因此中国应该重

点关注院校和研究所的布局方向，并且为技术成果转化创造良好的环境。

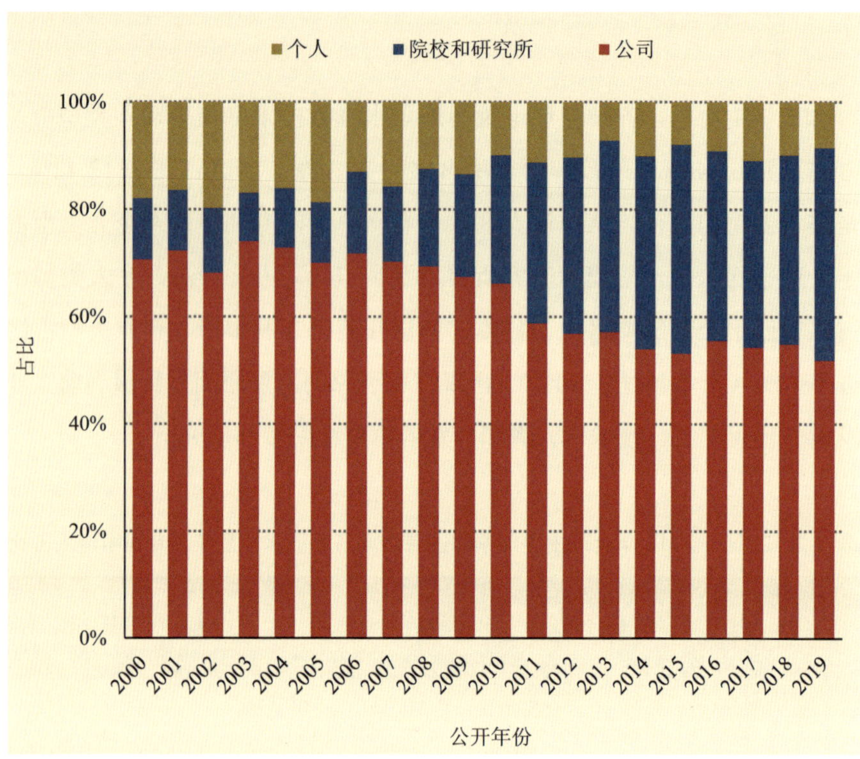


图 3-1　2000—2019 年全球土壤与地下水修复技术各类专利申请人年度占比

## 3.2　国外领先机构分析

通过对获得发明专利授权数量排名前 10 的国外机构进行数据清洗（Data Cleaning），统计出土壤与地下水修复技术国外领先机构的专利布局（图 3-2）。从图中可以看出，数量方面，株式会社大林组（Obayashi Corporation）、佳能公司（Canon Inc.）和荷兰皇家壳牌石油公司（Royal Dutch Shell Plc.）位列前

3；地域方面，前 10 名的机构中有 8 家来自日本，分别是株式会社大林组、佳能公司、太平洋水泥公司（Taiheiyo Cement Corporation）、栗田水业有限公司（Kurita Water Industries Ltd.）、日本清水建设公司（Shimizu Corporation）、鹿岛建设株式会社（Kajima Corporation）、松下公司（Panasonic Corporation）、太成株式会社（Taisei Co.，Ltd.）。从申请机构集中度来看，日本专利申请人较为集中；美国和韩国虽然专利数量也比较靠前，但是专利持有情况较为分散。

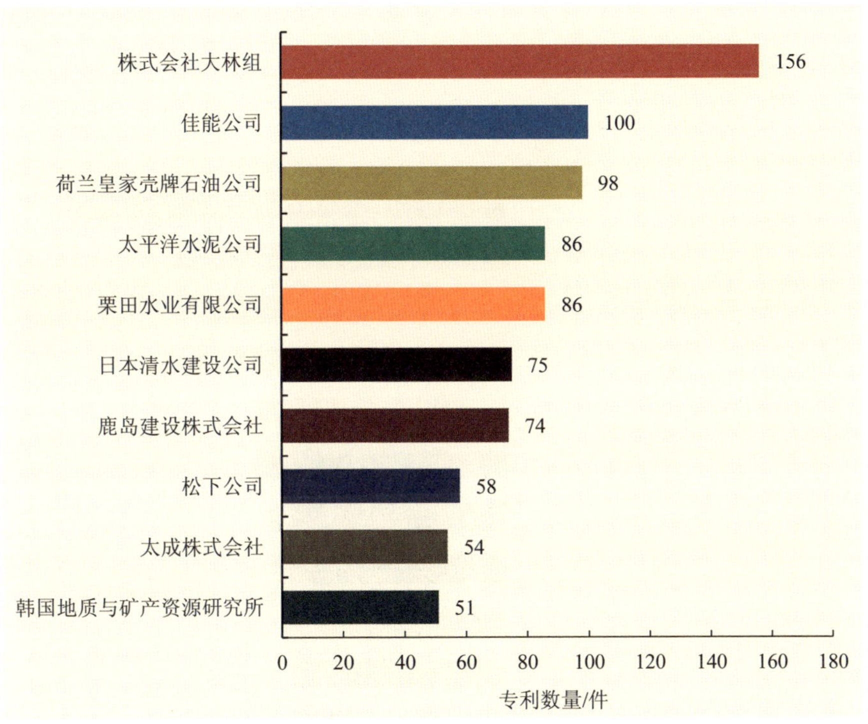


图 3-2 土壤与地下水修复技术专利授权数量排名前 10 的国外机构的专利分布

## 3.3 国内领先机构分析

### 3.3.1 中国院校和研究所专利布局情况

通过对获得发明专利授权数量排名前10的国内院校和研究所进行数据清洗，统计出土壤与地下水修复技术国内领先机构分布（图 3-3）。从图中可以看出，我国在土壤与地下水修复技术领域获得授权专利的院校和研究所主要有浙江大学、河海大学、中国科学院沈阳应用生态研究所、中国环境科学研究院和中国科学院南京土壤研究所等。

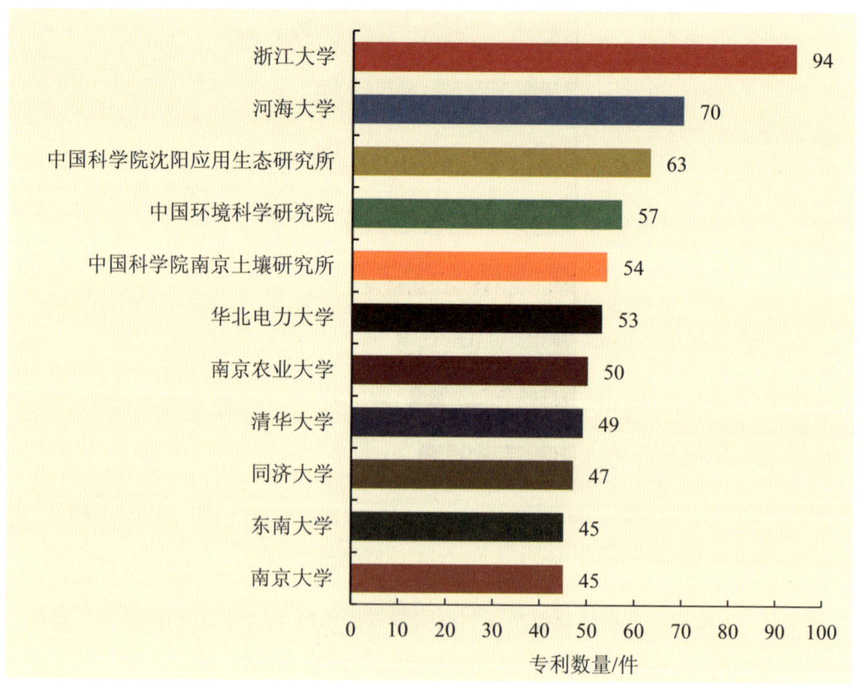


图 3-3 土壤与地下水修复技术专利授权数量排名前 10 的国内院校和研究所的专利分布

### 3.3.2 中国企业布局情况

通过对获得发明专利授权数量排名前 10 的国内企业进行数据清洗（图 3-4），可以发现我国主要布局专利的企业有中国石油化工股份有限公司、北京建工环境修复股份有限公司、江苏盖亚环境科技股份有限公司和中国石油天然气股份有限公司等；与图 3-3 对比可知，国内院校和研究所类型专利申请人的专利持有数量要远高于企业类型专利申请人的专利持有数量。

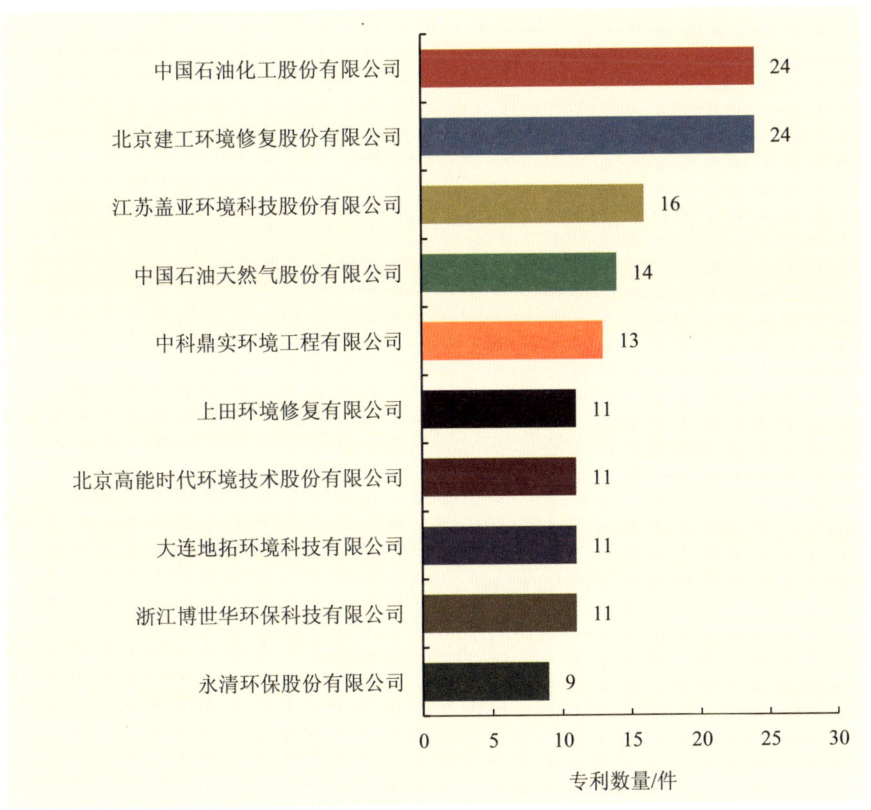


图 3-4 土壤与地下水修复技术专利授权数量排名前 10 的国内企业的专利分布

## 3.4 专利技术成果转移/转化分析

本书对全球土壤与地下水修复技术专利技术成果转化进行统计分析，对专利法律状态中出现权利转移和许可的专利进行整理和分析。从全球主要国家和区域专利权利转移（或许可）占比（表 3-2）来看，美国籍和加拿大籍专利申请人的专利权利转移（或许可）占比超过 60%，远高于全球平均水平。究其原因，美国籍和加拿大籍专利申请人布局重点区域在美国，由于美国采用“发明人”制度来确认专利申请人资格，即提交专利申请的必须是发明人本人，也就是说，即使是企业雇员发明，也由发明人（雇员）申请专利权，专利权取得以后，可再转让给雇主。所以美国很多专利的权利转移属于内部转移，这也造成了美国的权利转移（或许可）占比偏高。除美国、加拿大以外，日本籍申请人专利权利转移（或许可）占比达到 30%以上，法国籍专利申请人专利权利转移（或许可）占比达到 20%以上，中国籍专利申请人专利权利转移（或许可）占比相对较低，仅为 14.78%。

为了进一步分析全球不同类型专利申请人参与科技成果转化的程度，本书统计了发生专利权利转移（或许可）的专利中不同类型专利申请人的专利数量占比。从相关占比数据可以看出，企业为专利申请人且发生权利转移（或许可）的专利数量占发生权利转移（或许可）专利总数的比例较高，各国均超过 60%。院校和研究所为专利申请人且发生权利转移（或许可）的专利数量占发生权利转移（或许可）专利总数的比例中，日本占比最低，为 11.18%，说明日本院校和研究所成果转化参与度不高。我国院校和研究所这一占比为 17.58%，高于全球平均水平的 16.06%，说明我国院校和研究所参与成果转移转化活动较多。但是我国院校和研究所持有专利数量大，企业参与技术转移/转化的比例相对较小，部分技术专利的研发仍基于研究的角度出发，甚至存在为了完成科研课题任务而申请“交差专利”的现象。未来我国需要进一步推动院校、研究所的产学研合作，重点开发满足市场需要的技术。

表 3-2 2000—2019 年全球主要国家和区域土壤与地下水修复技术专利权利转移（或许可）占比

| 占比类型 \ 国家和区域 | 全球 | 日本 | 美国 | 中国 | 韩国 | 加拿大 | 法国 |
| --- | --- | --- | --- | --- | --- | --- | --- |
| 权利转移（或许可）占比 | 28.41% | 33.65% | 64.51% | 14.78% | 19.48% | 64.24% | 26.13% |
| 企业为专利申请人且发生权利转移（或许可）专利数量占发生权利转移（或许可）专利总数的比例 | 82.68% | 91.99% | 83.07% | 81.98% | 61.88% | 77.32% | 63.46% |
| 院校和研究所为专利申请人且发生权利转移（或许可）专利占发生权利转移（或许可）专利总数的比例 | 16.06% | 11.18% | 16.15% | 17.58% | 19.06% | 15.46% | 46.15% |
| 个人为专利申请人且发生权利转移（或许可）专利占发生权利转移（或许可）专利总数的比例 | 9.80% | 10.74% | 3.79% | 5.47% | 36.56% | 7.22% | 3.85% |

## 3.5 机构竞争态势分析

本书制作了全球土壤与地下水修复技术领域机构气泡象限图（图 3-5、图 3-6），用于可视化体现专利申请人之间技术差距与实力对比。本书中气泡象限图的数据及分析结果来源于 Innography 专利检索和分析平台，不同颜色的气泡代表不同的机构，气泡大小代表该机构拥有的专利数量，纵坐标代表机构的技术综合指标（亦称愿景轴），气泡横向位置由专利组合的规模、专利涉及的分类号的数量以及引证专利数量 3 个因素综合决定，气泡位置越靠右，机构所在的技术领域的关注程度和专利表现越突出。横坐标代表机构财务指标（亦称资源轴），气泡在资源轴上所处位置越高，该企业利用专利的能力就越强。

由图 3-5 可知，2000—2009 年土壤与地下水修复技术领域专利技术性和专利申请人实力较强的机构主要是荷兰皇家壳牌石油公司，专利技术性领先较强的主要有佳能公司和株式会社大林组，专利申请人综合实力较强的为栗田水业有限公司。中国在该时期能够参与全球竞争的机构只有中国科学院 1 家，其他竞争机构多为美国和日本的企业。

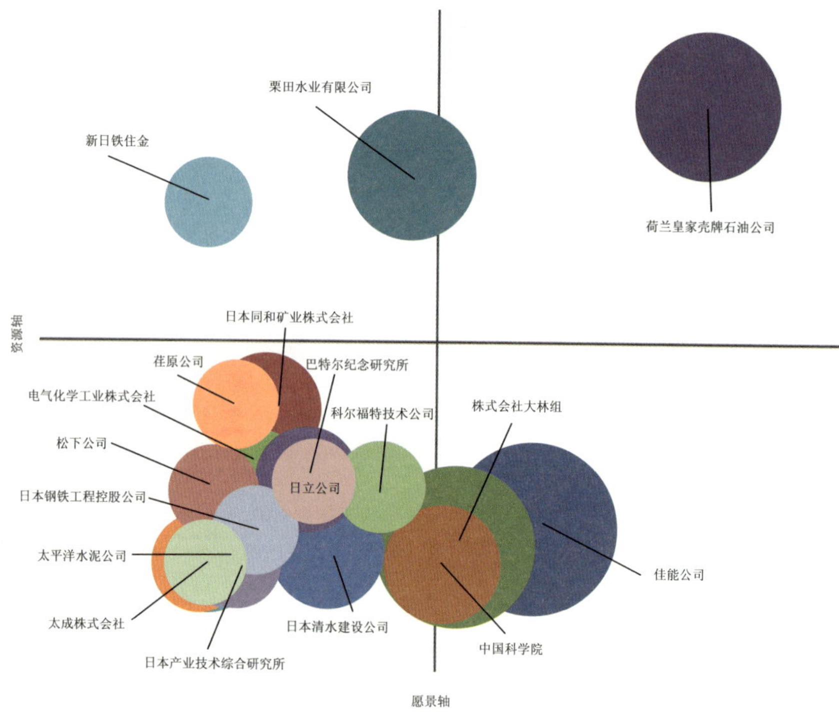


图 3-5 2000—2009 年全球土壤与地下水修复技术领域机构气泡象限图

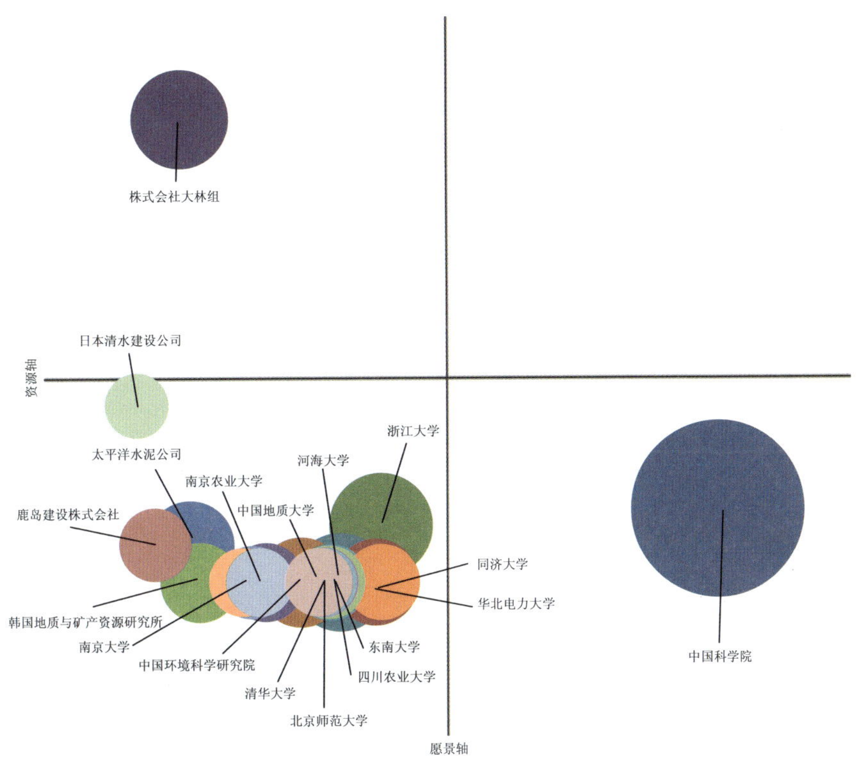


图 3-6　2010—2019 年全球土壤与地下水修复技术领域机构气泡象限图

由图 3-6 可知，2010—2019 年土壤与地下水修复技术领域专利技术性和专利申请人实力较强的机构较少，此时技术领先性的机构是中国科学院。株式会社大林组的实力在这一阶段仍然较强，但是技术领先性已经大不如前。此时期，参与竞争的主要是中国的院校，如四川农业大学、同济大学、浙江大学、清华大学、河海大学和中国环境科学研究院等。

# 全球土壤与地下水修复技术专利技术领域分析

## 4.1　技术领域分布概况

如表 4-1 所示，土壤与地下水修复技术国际专利分类（IPC）主要分布于 B09C1/08（化学方法复原）、B09C1/00（污染土壤的复原）、B09C1/10（用微生物方法或利用酶）、B09C1/02（液体萃取方法）、B09B3/00（固体废物的破坏或将固体废物转变为有用或无害的物质）、C12N1/20（细菌及其培养基），以上这 6 个领域专利申请数量均超过 1 000 件。

表 4-1　土壤与地下水修复技术主要 IPC 主题及申请数量

| 序号 | IPC 号 | 技术主题 | 专利数量/件 |
| --- | --- | --- | --- |
| 1 | B09C1/08 | 化学方法复原 | 3 360 |
| 2 | B09C1/00 | 污染土壤的复原（通过在物质中产生化学变化使有害化学物质无害化或降低危害的方法入 A62D3/00） | 2 787 |
| 3 | B09C1/10 | 用微生物方法或利用酶 | 2 619 |
| 4 | B09C1/02 | 液体萃取方法，如洗涤、浸出 | 2 229 |
| 5 | B09B3/00 | 固体废物的破坏或将固体废物转变为有用或无害的物质 | 1 438 |
| 6 | C12N1/20 | 细菌及其培养基 | 1 142 |
| 7 | B09C1/06 | 用热量（污染的土壤的焚化炉入 F23G7/14） | 905 |
| 8 | B09C | 污染土壤的再生（从土壤中除去石头或类似杂物的收集机入 A01B43/00；土壤的蒸汽消毒入 A01G11/00；一般分离入 B01D；清洗海滩入 E01H12/00；清除陆地上不希望有的东西，例如垃圾入 E01H15/00） | 821 |
| 9 | C02F3/34 | 以利用微生物为特征的 | 800 |
| 10 | E02D3/12 | 在土壤中放入固化料或填孔料进行固结（筑桩入 E02D5/46；用于改良或稳定土壤的材料入 C09K17/00） | 744 |
| 11 | C02F11/00 | 污泥的处理；其装置 | 569 |
| 12 | A62D3/00 | 通过在物质中产生化学变化使有害化学物质无害或降低危害的方法（使有害化学制剂无害的装置入 A62B29/00；通过燃烧消灭有毒气体入 F23G7/06） | 567 |
| 13 | C02F1/28 | 吸附法（离子交换法入 C02F1/42；吸附剂的组成入 B01J） | 526 |
| 14 | C09K17/02 | 只含无机化合物 | 508 |
| 15 | C09K101/00 | 农业用途 | 466 |

## 4.2 主要国家技术领域布局

如图 4-1 所示，主要专利申请人国家在各技术领域布局的重点有所差异。中国布局技术领域主要集中于 B09C1/10、B09C1/00、B09C1/08 和 C12N1/20。日本技术布局的集中度要高于中国，从专利布局来看，B09C1/08 和 B09C1/02 是其布局重点技术领域。韩国布局重点和日本相似，B09C1/08 和 B09C1/02 也是其布局重点。美国专利布局重点集中于 B09C1/00、B09C1/08 和 B09C1/10；从布局的比例来看，美国对 B09C1/02 和 B09C1/06 技术领域也颇为重视。

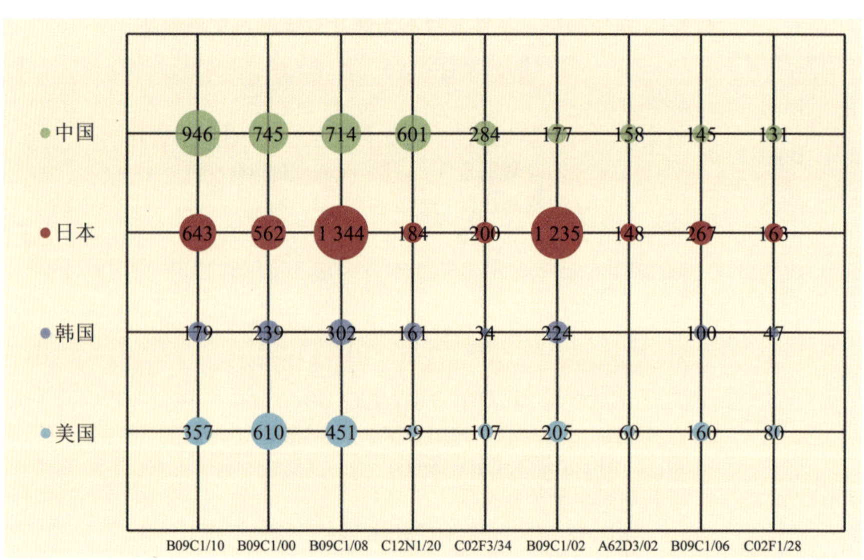


图 4-1 主要国家土壤与地下水修复技术领域的专利布局分布

注：图中数字代表专利数量，单位：件，下同。

## 4.3　主要国家与机构技术聚类分析

### 4.3.1　中国

使用 IncoPat 专利平台对中国籍专利申请人申请的专利进行技术主题聚类分析得出图 4-2，从图中可以看出，中国专利布局的热点集中于土壤固化剂、土壤重金属、软土地基、石油污染土壤和降解菌株技术主题。土壤固化剂技术主题的分支主题（表 4-2）包括原位修复（507）[①]、热脱附（183）、土壤淋洗（266）和土壤固化剂（524）；土壤重金属技术主题的分支主题有植物修复（219）、盐碱地改良（144）、土壤重金属（231）、盐碱化草地（147）和土壤改良剂（186）；软土地基技术主题的分支主题有渗透系数（177）、软土地基（239）、污染土壤（177）、碳同位素比值（129）和原位修复（187）；石油污染土壤技术主题的分支主题有土壤改良剂（69）、石油污染土壤（151）、微生物菌剂（124）、培养基（52）和植物修复（106）；降解菌株技术主题的分支主题有邻硝基苯甲醛（44）、蛋白基因（76）、降解菌株（234）、酰胺酶基因（27）和多环芳烃（159）。

① 文中小括号中的数字代表专利数量，单位：件，下同。

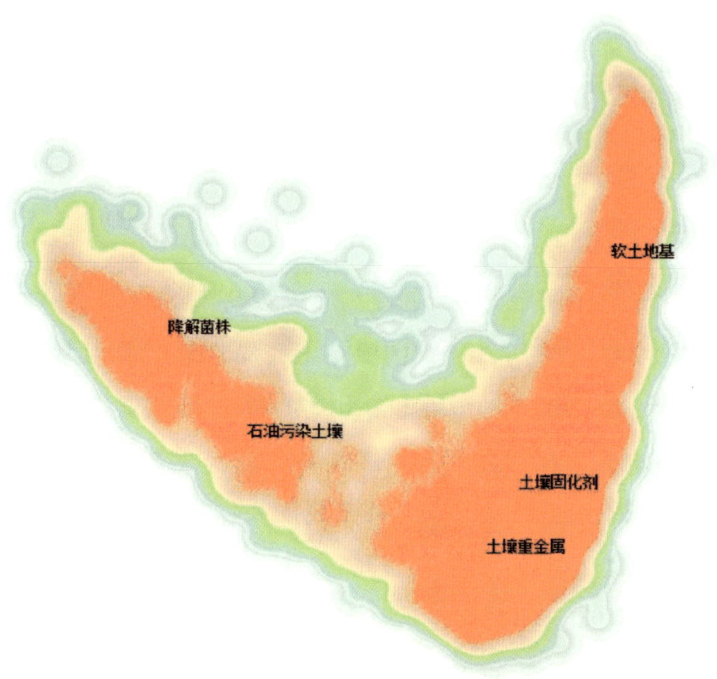


图 4-2 中国土壤与地下水修复技术专利布局技术主题聚类分析

表 4-2 中国土壤与地下水修复技术专利布局技术主题分支主题详情

| 序号 | 聚类主题 | 分支主题 |
|---|---|---|
| 1 | 土壤固化剂 | 原位修复（507）、热脱附（183）、土壤淋洗（266）、土壤固化剂（524） |
| 2 | 土壤重金属 | 植物修复（219）、盐碱地改良（144）、土壤重金属（231）、盐碱化草地（147）、土壤改良剂（186） |
| 3 | 软土地基 | 渗透系数（177）、软土地基（239）、污染土壤（177）、碳同位素比值（129）、原位修复（187） |
| 4 | 石油污染土壤 | 土壤改良剂（69）、石油污染土壤（151）、微生物菌剂（124）、培养基（52）、植物修复（106） |
| 5 | 降解菌株 | 邻硝基苯甲醛（44）、蛋白基因（76）、降解菌株（234）、酰胺酶基因（27）、多环芳烃（159） |

注：表中小括号中的数字代表专利数量，单位：件，下同。

如图 4-3 所示，中国机构大多在土壤固化剂主题中布局了专利，其中在土壤固化剂主题下布局专利数量较多的机构有浙江大学、中国环境科学研究院、华北电力大学和同济大学；石油污染土壤技术主题主要的布局机构有浙江大学、南京农业大学、中国科学院沈阳应用生态研究所和清华大学；降解菌株技术主题主要的布局机构是南京农业大学和浙江大学；土壤重金属技术主题主要的布局机构是中国科学院南京土壤研究所、中国科学院沈阳应用生态研究所和浙江大学；软土地基技术主题主要的布局机构是河海大学、东南大学和浙江大学。

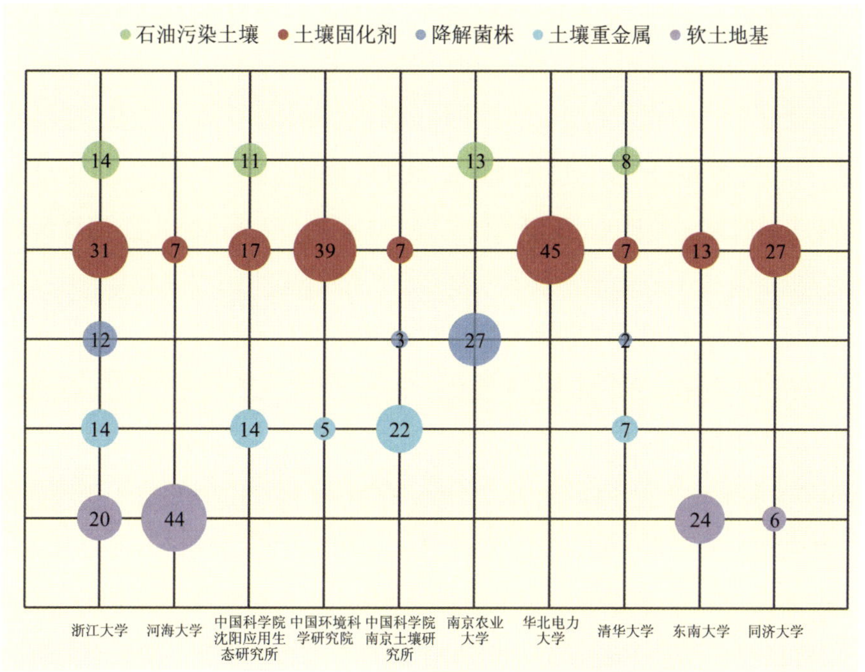


图 4-3 中国机构在土壤与地下水修复技术领域的专利布局分析

虽然各机构的专利布局侧重点不同，但是大部分机构在土壤固化剂技术主题中都有布局，在原位修复、热脱附和土壤淋洗等主题中的布局也较为积极。

### 4.3.2 美国

使用 IncoPat 专利平台对美国籍申请人申请的专利进行技术主题聚类分析（图 4-4）可以发现，其专利技术主要集中于化学氧化、无机固体、细菌污染物、土壤修复和地形学方面。从技术主题的分支主题详情（表 4-3）来看，化学氧化技术主题的分支主题包括生物降解（57）、化学氧化（111）、环境污染物（75）和原位修复（63）；无机固体技术主题的分支主题包括无机固体（94）、过硫酸盐（68）、修复土壤（61）、土壤稳定剂（29）和硫化物矿物（64）；细菌污染物技术主题的分支主题包括细菌污染物（37）、单子叶植物（14）和内生（37）；土壤修复技术主题的分支主题包括混凝土板基础（47）、原位表征（24）、土壤修复（68）和土壤稳定化（51）；地形学技术主题的分支主题包括地形学（134）、地下水修复（110）、废物（70）、电解催化氧化（11）和固体颗粒材料（6）。

如图 4-5 所示，美国机构大多在化学氧化技术主题中布局了专利。无机固体技术主题主要的布局机构是再生生物修复产品公司（Regenesis Bioremediation Products）和默克公司（Merck & Co Inc.）；细菌污染物技术主题主要的布局机构是加利福尼亚大学（University of California）和荷兰皇家壳牌石油公司（Royal Dutch Shell Plc.）；土壤修复技术主题主要的布局机构是荷兰皇家壳牌石油公司和得克萨斯大学（University of Texas）；地形学技术主题主要的布局机构是荷兰皇家壳牌石油公司、得克萨斯大学和美国雪佛龙公司。

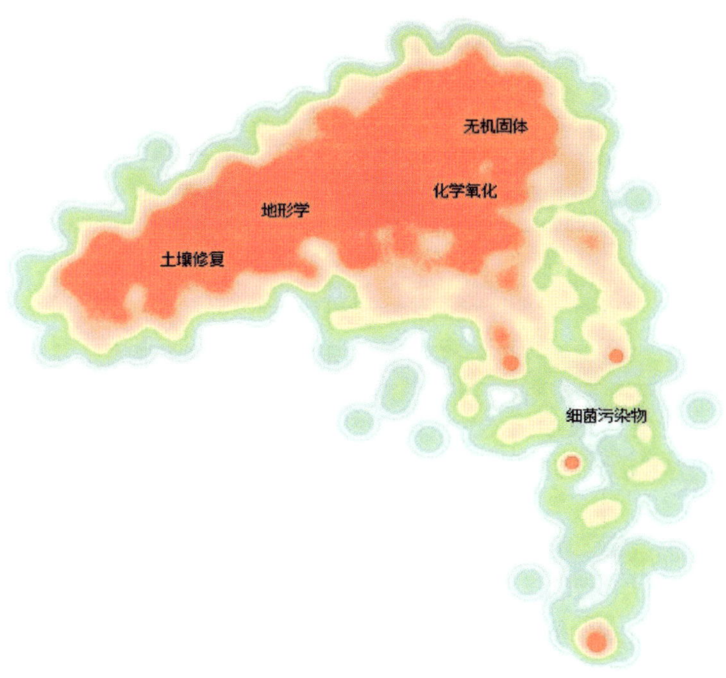


图 4-4　美国土壤与地下水修复技术专利布局技术主题聚类分析

表 4-3　美国土壤与地下水修复技术专利布局技术主题分支主题详情

| 序号 | 聚类主题 | 分支主题 |
|---|---|---|
| 1 | 化学氧化 | 生物降解（57）、化学氧化（111）、环境污染物（75）、原位修复（63） |
| 2 | 无机固体 | 无机固体（94）、过硫酸盐（68）、修复土壤（61）、土壤稳定剂（29）、硫化物矿物（64） |
| 3 | 细菌污染物 | 细菌污染物（37）、单子叶植物（14）、内生（37） |
| 4 | 土壤修复 | 混凝土板基础（47）、原位表征（24）、土壤修复（68）、土壤稳定化（51） |
| 5 | 地形学 | 地形学（134）、地下水修复（110）、废物（70）、电解催化氧化（11）、固体颗粒材料（6） |

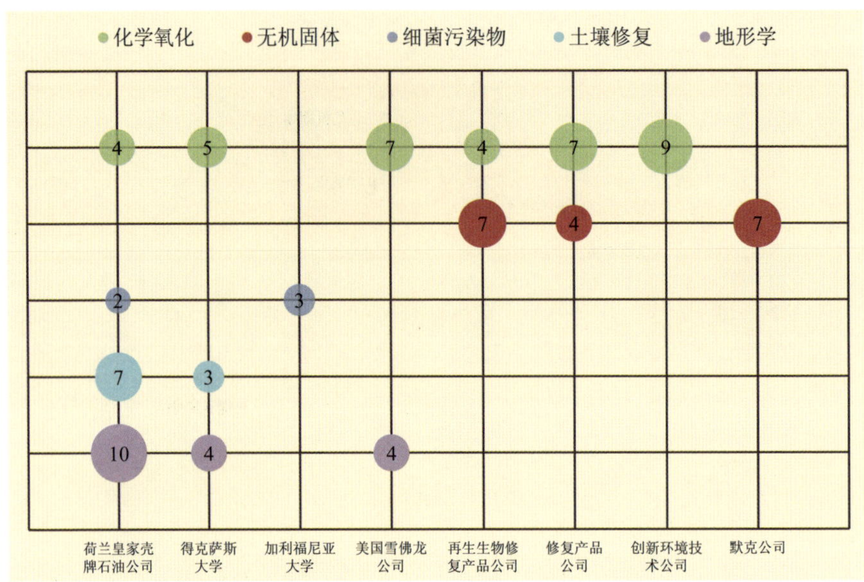


图 4-5 美国机构在土壤与地下水修复技术领域的专利布局分析

## 4.3.3 日本

使用 IncoPat 专利平台对日本籍专利申请人申请的专利进行技术主题聚类分析得出图 4-6，从图中可以看出，日本专利布局的热点技术主题包括被污染 1、土壤稳定化、重金属、分解促进剂和被污染 2。从技术主题的分支主题详情（表 4-4）来看，被污染 1 主题的分支主题包括被污染（290）、挥发性有机化合物（233）、清洁系统（182）、有机氯化合物（213）和土壤污染（117）；土壤稳定化主题的分支主题包括化学稳定（141）、土壤稳定化（147）、水泥熟料（103）、改良土壤（130）和接地材料（6）；重金属主题的分支主题包括固体废物（78）、有机氯化合物（199）、有机化合物（182）、污染土壤（187）和重金属（227）；分解促进剂主题的分支主题包括酚类化合物（86）、葡萄糖苷酶（2）、土壤调理剂（46）、分解促进剂（120）和控制因子（58）；被污染 2 主题的分支主题包括被污染

（175）、地面（63）、改良土壤（150）和稳定化方法（111）。

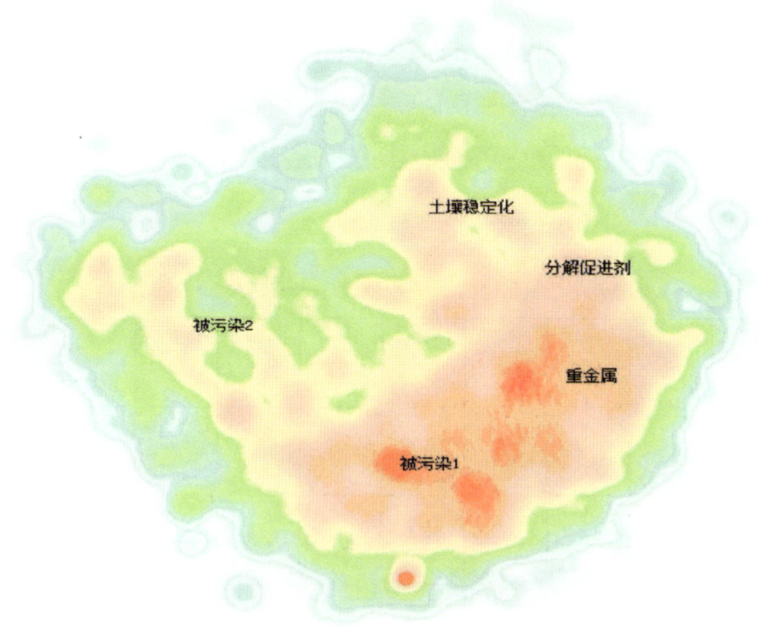


图 4-6　日本土壤与地下水修复技术专利布局技术主题聚类分析

表 4-4　日本土壤与地下水修复技术专利布局技术主题分支主题详情

| 序号 | 聚类主题 | 分支主题 |
| --- | --- | --- |
| 1 | 被污染 1 | 被污染（290）、挥发性有机化合物（233）、清洁系统（182）、有机氯化合物（213）、土壤污染（117） |
| 2 | 土壤稳定化 | 化学稳定（141）、土壤稳定化（147）、水泥熟料（103）、改良土壤（130）、接地材料（6） |
| 3 | 重金属 | 固体废物（78）、有机氯化合物（199）、有机化合物（182）、污染土壤（187）、重金属（227） |
| 4 | 分解促进剂 | 酚类化合物（86）、葡萄糖苷酶（2）、土壤调理剂（46）、分解促进剂（120）、控制因子（58） |
| 5 | 被污染 2 | 被污染（175）、地面（63）、改良土壤（150）、稳定化方法（111） |

从机构的专利布局来看，日本的许多机构都在被污染 1 和重金属技术主题布局了专利，在土壤稳定化技术主题开展专利布局的主要机构有三菱综合材料株式会社（Mitsubishi Materials Corporation）和宇部兴产株式会社（Ube Industries Ltd.）；分解促进剂技术主题在佳能公司布局专利数量较多；在被污染 2 主题开展专利布局的机构主要有株式会社大林组和鹿岛建设株式会社。

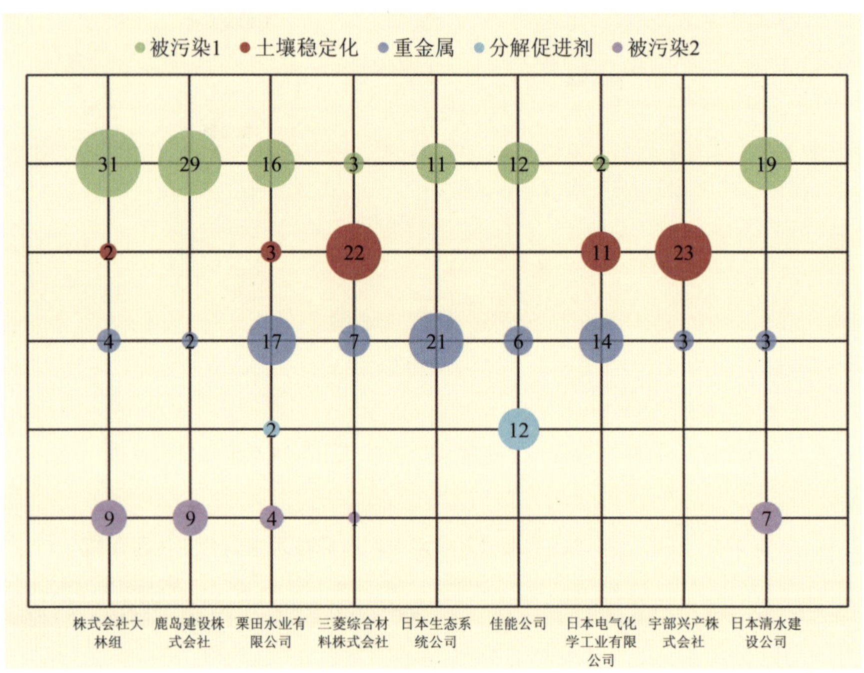


图 4-7　日本机构在土壤与地下水修复技术领域的专利布局分析

## 4.3.4　韩国

在 IncoPat 专利平台上对韩国籍专利申请人申请的专利进行技术主题聚类分析（图 4-8）可以发现，韩国布局专利的技术主题主要集中于修复系统、土壤固化剂、净化系统、假单胞菌属和地面。从技术主题的分支主题（表 4-5）来看，修复系统技术主题的分支主题包括过硫酸根离子（53）、生物修复（66）、稳定同位素分析（30）、修复系统（86）和污染土壤（63）；土壤固化剂技术主题的分支主题包括人造土（58）、覆盖土（1）、土壤稳定剂（48）、土壤固化剂（72）和天然材料（68）；净化系统主题的分支主题有净化系统（157）、反应性（1）、土壤修复（138）、污染沉积物（147）和土壤净化（113）；假单胞菌属技术主题的分支主题包括微生物处理剂（2）、发芽抑制剂（57）、芽孢杆菌（67）、宏基因组（44）和假单胞菌属（79）；地面技术主题的分支主题包括注浆（44）、地下水（70）、地面（75）、土地调查（28）和土壤栽培（66）。

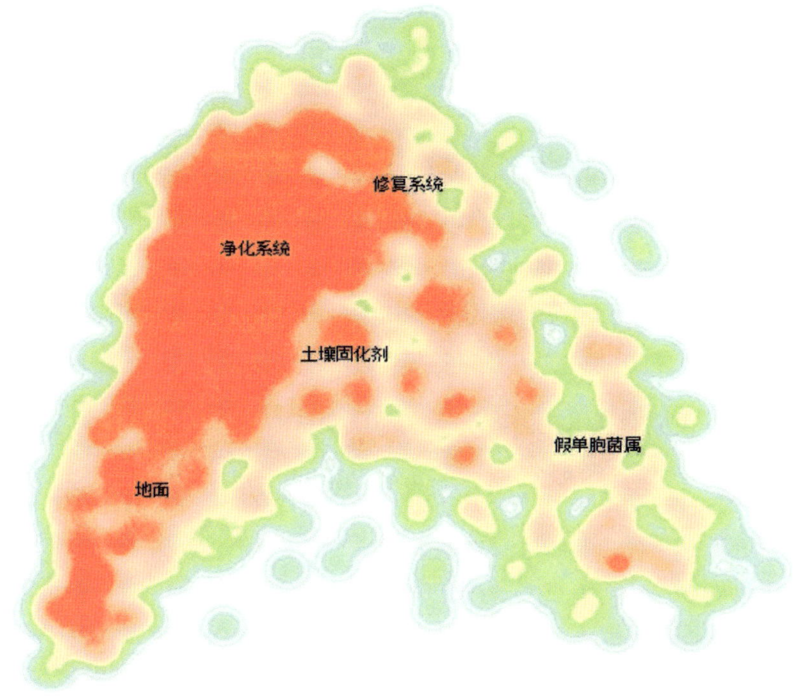


图 4-8　韩国土壤与地下水修复技术专利布局技术主题聚类分析

表 4-5 韩国土壤与地下水修复技术专利布局技术主题分支主题详情

| 序号 | 聚类主题 | 分支主题 |
| --- | --- | --- |
| 1 | 修复系统 | 过硫酸根离子（53）、生物修复（66）、稳定同位素分析（30）、修复系统（86）、污染土壤（63） |
| 2 | 土壤固化剂 | 人造土（58）、覆盖土（1）、土壤稳定剂（48）、土壤固化剂（72）、天然材料（68） |
| 3 | 净化系统 | 净化系统（157）、反应性（1）、土壤修复（138）、污染沉积物（147）、土壤净化（113） |
| 4 | 假单胞菌属 | 微生物处理剂（2）、发芽抑制剂（57）、芽孢杆菌（67）、宏基因组（44）、假单胞菌属（79） |
| 5 | 地面 | 注浆（44）、地下水（70）、地面（75）、土地调查（28）、土壤栽培（66） |

从机构的专利布局情况（图 4-9）来看，韩国大部分机构在净化系统主题和修复系统主题布局了专利；在土壤固化剂主题布局专利的主要机构有韩国建筑技术学院（Korea Institute of Construction Technology）和矿山复垦公司（Mine Reclamation Corporation）；在假单胞菌属技术主题布局专利的主要机构有韩国生命工学研究院（Korea Research Institute of Bioscience and Biotechnology）和韩国全南国立大学产业基金会（Industry Foundation of Chonnam National University）；在地面技术主题布局专利的主要机构有韩国建筑技术学院和韩国地球科学和矿产资源研究院（Korea Institute of Geoscience and Mineral Resources）。

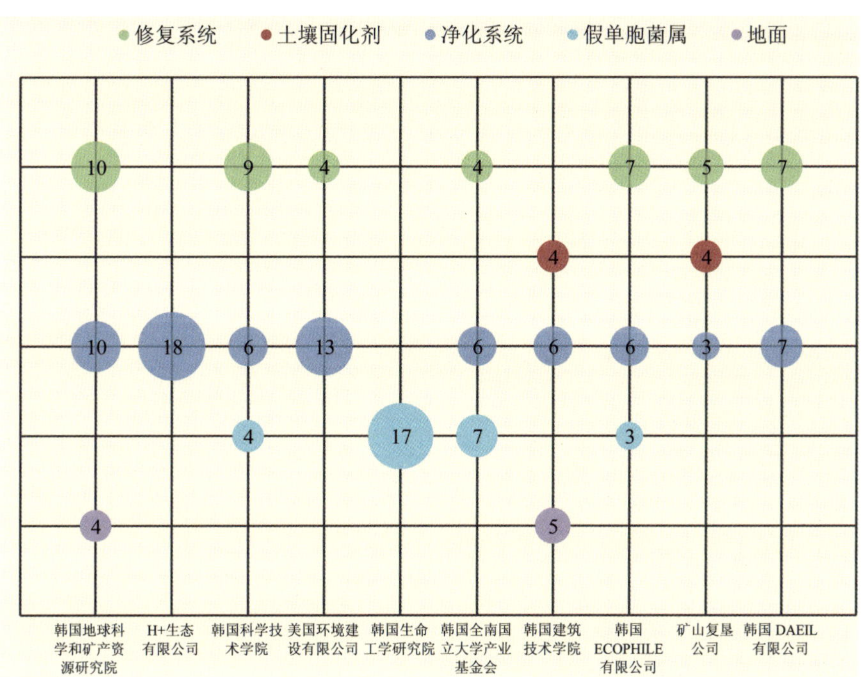


图 4-9　韩国机构在土壤与地下水修复技术领域的专利布局分析

# 全球土壤与地下水修复核心专利分析

本章通过 Innography 系统选出专利强度在 80～100 th 的核心专利，并请行业专家进行专业价值判断后，对在土壤与地下水修复领域代表当前主流技术的 567 件专利做进一步分析。

## 5.1　核心专利发展趋势

如图 5-1 所示，土壤与地下水修复技术核心专利的公开趋势呈现两个明显的波峰，第一个波峰形成于 2004—2006 年，第二个波峰形成在 2017—2018 年。从各国专利布局情况来看，前期的核心专利集中于发达国家，后期的核心专利主要来自中国。

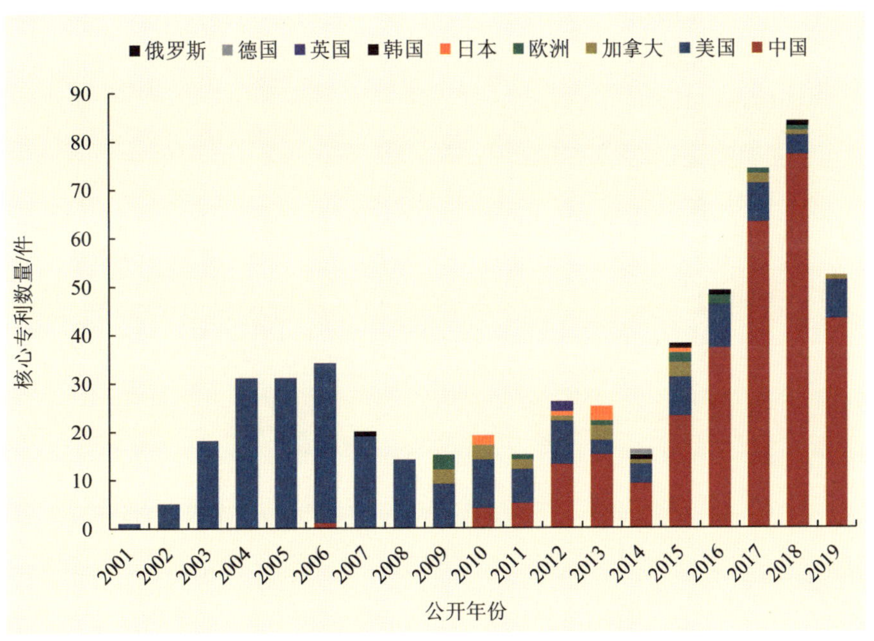


图 5-1　全球土壤与地下水修复技术核心专利公开趋势

## 5.2 核心专利持有者国籍

对核心专利申请人的国籍进行统计，如图 5-2 所示，土壤与地下水修复技术核心专利申请人国籍主要集中在中国和美国，其中中国核心专利数量最多，达到 272 件。美国核心专利数量为 197 件。其他国家核心专利数量较少，均未超过 30 件。

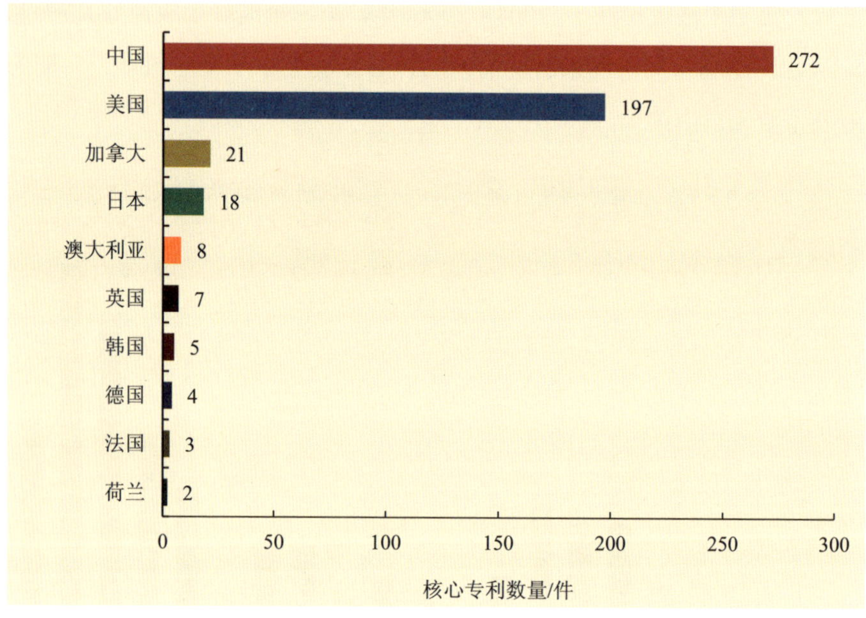


图 5-2 全球土壤与地下水修复技术核心专利申请人国籍及专利分布

## 5.3 持有核心专利的机构

如图 5-3 所示，土壤与地下水修复技术核心专利持有机构有科尔福特技术股份有限公司（Kerfoot Technologies Inc.）、荷兰皇家壳牌石油公司、巴特尔能源联盟有限责任公司（Battelle Energy Alliance Llc.）、埃斯科解决方案有限责任公司（Ethical Solutions Llc.）、清华大学、北京建工环境修复股份有限公司、中国农业科学院农业资源与农业区划研究所和成都新朝阳作物科学股份有限公司等。其中科尔福特技术股份有限公司和荷兰皇家壳牌石油公司核心专利数量均超过 10 件。

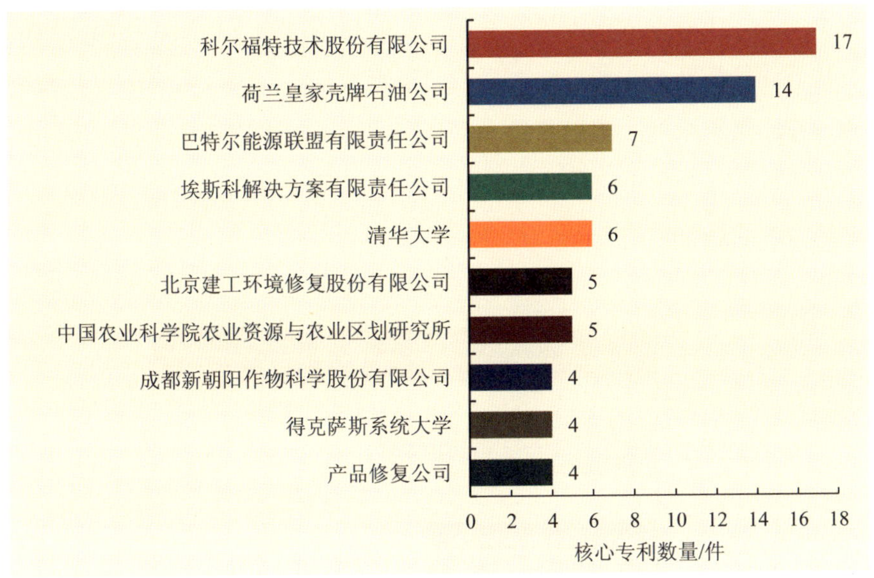


图 5-3　全球土壤与地下水修复技术核心专利持有机构及专利分布

## 5.4　核心专利分析

### 5.4.1　核心专利技术分类

本书编写组请行业专家对全球核心专利进行技术分类标引，统计出的核心专利所属技术分类及分布情况如图 5-4 所示，核心专利技术主要分布在化学修复技术（246）、生物修复技术（134）、物理修复技术（114）、修复技术联用（40）和风险管控（21）领域。核心专利主要集中在传统的化学修复、生物修复和物理修复技术领域，这三个技术领域的核心专利数量占核心专利总数的比例高达 87.1%。全球只有 21 件核心专利属于风险管控技术领域，仅占所有核心专利总数的 3.64%，与“风险管控为行业未来发展趋势”这一行业共识不一致。主要原因在于风险管控方面的技术以制度控制、污染源阻隔封堵、传播途径切断为主要方法，更偏向于管理方法，因此申请的专利较少。此外，作为近年来的土壤修复技术专利申请大国，中国在风险管控方面的专利申请数量占其专利申请总量的比例不足 1%，因此在全球核心专利技术中风险管控技术的核心专利数量占比较小。

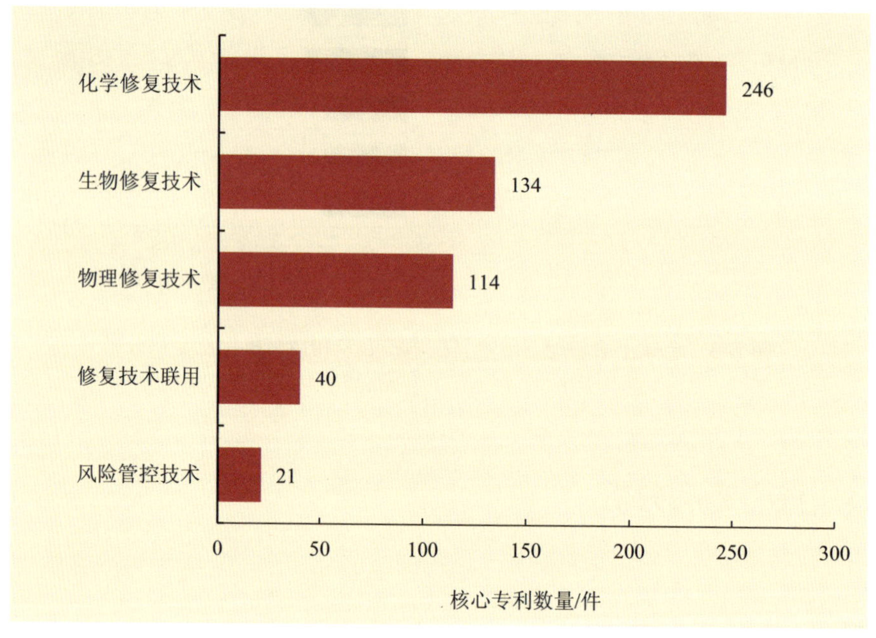


图 5-4　全球核心专利技术领域专利分布

### 5.4.2 中国、美国核心专利对比分析

从主要国家的核心专利技术分类占比（图 5-5）来看，中国在化学修复技术领域的核心专利数量占其核心专利总量的比例较高，接近 50%；其次是生物修复技术。

美国在化学修复和生物修复技术领域的核心专利数量占其核心专利总数的比例虽然较高，但均低于中国；其在物理修复技术领域核心专利占比也较高，超过 20%。

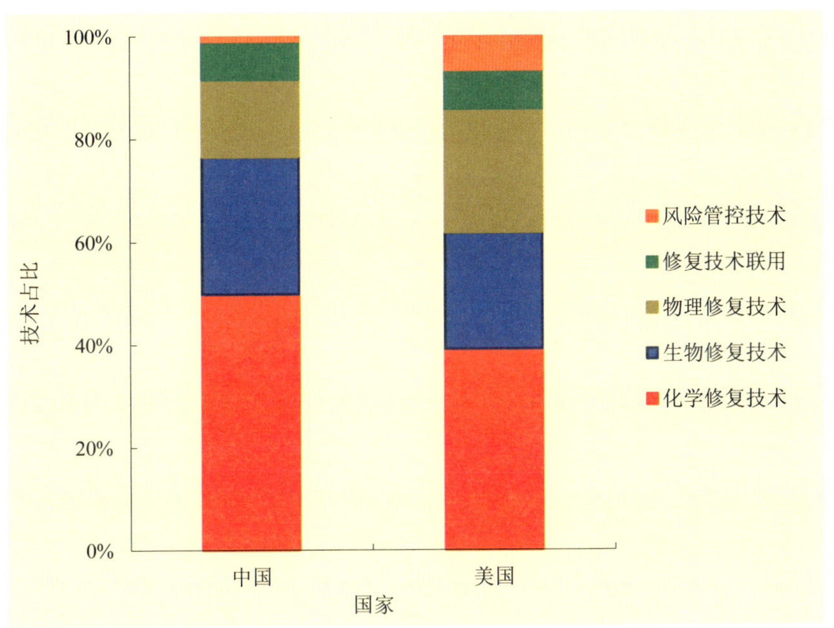


图 5-5 主要国家的核心专利技术分类占比

通过对中国、美国核心专利技术进行比较，可以发现以下几个特点：

（1）美国在风险管控技术领域布局专利的比例高于中国。风险管控类技术在美国的核心专利中占比达到 6.67%，而其在中国则仅为 1.05%。从美国行

业发展的实际情况来看，风险管控类措施和技术在污染源、地下水、底泥等不同类型的修复项目中均已得到推广应用。根据美国国家环境保护局（EPA）对2012—2014年土壤和地下水修复项目的统计，美国约有54%的修复项目采用了风险管控措施。近年来，中国虽然已开始大范围采取风险管控思路并推广相关技术，但总体来看，风险管控技术在中国仍处于发展起步期。例如，2019年重庆等地探索了“源头治理—途径阻断—制度控制—跟踪监测”的风险管控修复模式，北京等地探索了“合理规划—管控为主—有限修复”的安全利用模式等。2019年全国已有26个省（自治区、直辖市）公布了建设用地土壤污染风险管控和修复名录。从中美专利技术分类情况中可以判断，风险管控技术是我国土壤修复领域的一个重要发展方向。

值得关注的是，蒸汽入侵修复技术作为缓解土壤污染物以蒸汽形态对建筑物内人体造成健康危害的一种制度控制措施，在美国已广泛应用，但在国内应用极少。随着中国土壤与地下水修复技术体系的不断完善，预计蒸汽入侵修复技术将成为我国重要的细分技术领域。

（2）美国对地下水修复的重视程度远高于中国。地下水与土壤虽然属于不同介质，但土壤与地下水直接接触后，土壤中的污染物会随地下水的流动迅速迁移扩散，造成大范围的污染，因此水土共治是实现污染场地全面修复的必要手段。在美国土壤与地下水修复行业发展的早期，行业标准和管理政策已对地下水的修复目标做了明确要求，相关技术的开发得到足够的重视并被广泛应用于工程项目中。中国于2017年11月发布《地下水质量标准》（GB/T 14848—2017），为全国地下水污染调查评价和地下水修复工程实施提供了依据，地下水修复工作进入提速阶段。2019年3月，生态环境部、自然资源部、住房和城乡建设部、水利部和农业农村部五部门联合对外发布《关于印发〈地下水污染防治实施方案〉的通知》（环土壤〔2019〕25号），对地下水污染防治工作提出了具体要求，该方案的出台推动了我国地下水污染防治工作的开展。

2019 年 6 月，生态环境部发布《污染地块地下水修复和风险管控技术导则》（HJ 25.6—2019），规定了污染地块地下水修复和风险管控的基本原则、工作程序和技术要求，规范了污染地块地下水修复和风险管控项目的技术方案制定、工程设计及施工、工程运行及监测、效果评估和后期环境监管等环节的技术要求。通过对比中美两国地下水修复领域的技术情况和政策情况，可以判断我国地下水修复技术领域的专利数量将快速增加。

（3）中国开始在土壤与地下水修复技术专利布局方面发力，从 2010 年起，中国每年公开的土壤与地下水修复技术发明专利占当年全球公开的土壤与地下水修复技术发展专利的比例增长迅速，从 2010 年的 20%左右增加到 2019 年的 60%以上。国内专利布局以传统修复技术领域专利为主，这使得中国在较短时间内夯实了传统土壤与地下水修复技术的基础。

传统土壤与地下水修复技术在美国经过近 40 年的发展，已非常成熟，美国在地下水抽出-处理技术、土壤的固化/稳定化技术、原位/异位加热技术等传统修复技术方面的专利布局逐渐减少。而一些在中国尚未广泛应用的新型技术，如海岸线稳定化技术、湿地置换与重建技术、蒸汽入侵控制技术、新型污染物修复技术、基于阻隔封堵的风险管控技术、监测自然恢复技术等，则成为美国专利布局的新亮点。部分技术符合我国行业发展所倡导的风险管控和生态修复思路，或将成为国内土壤与地下水修复行业重点发展的新技术方向。另外，美国受其新政策、新标准的影响，在新型污染物修复技术方向布局了不少专利，值得我国从业人员关注。

（4）随着土壤修复行业快速发展，政府和业主对修复技术的科学性和修复效果的评估将愈加严格。由于场地污染介质、污染程度、污染类型等要素的复杂性，许多复杂的污染场地无法使用单项技术实现修复，需要科学选用多种技术进行联合修复，才能保证修复效果和修复工程的经济性。从核心专利占比中可以看出，中美两国均重视多项技术联用工艺的开发及相关专利的研发。

## 5.4.3 核心专利技术领域变化趋势

从核心专利的技术领域发展趋势来看，化学修复技术和生物修复技术的核心专利数量变化趋势相似，核心专利数量都是在2004年前后出现第一个峰值，到2018年前后又出现了第二个峰值，尤其是化学修复技术在近些年核心专利数量增长迅速。修复联用技术在2014年以后核心专利数量也开始增加，说明该技术领域开始受到重视。

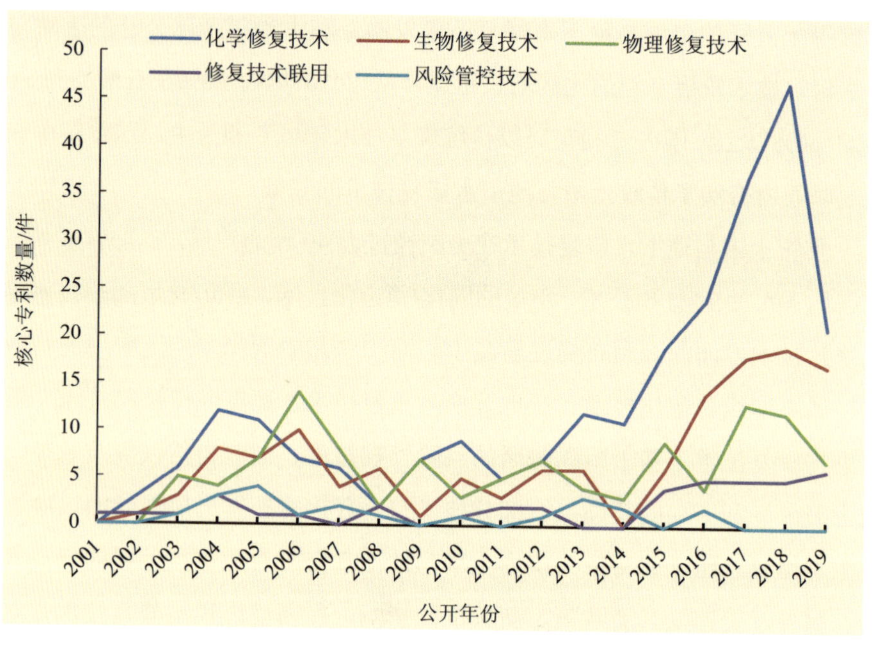


图 5-6　土壤与地下水修复领域核心专利各技术领域公开趋势

如图5-7所示，核心专利中，化学修复技术分类下的核心专利主要分布在土壤改良（34%）、化学氧化/还原（29%）和固化/稳定化（26%）3个子技术领域。生物修复技术分类下核心专利主要分布在微生物修复（51%）、强化生物修复（29%）2个子技术领域。物理修复技术分类下的核心专利主要分布在热处理

（49%）和土壤淋洗（26%）2 个子技术领域。修复技术联用分类下的核心专利主要分布于化学-生物技术联用（54%）、物理-化学技术联用（28%）、物理技术协同（18%）3 个子技术领域。

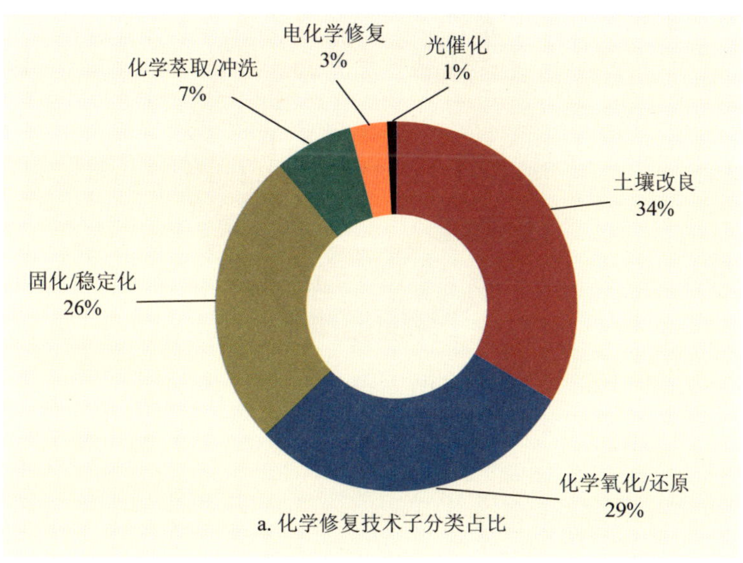


a. 化学修复技术子分类占比

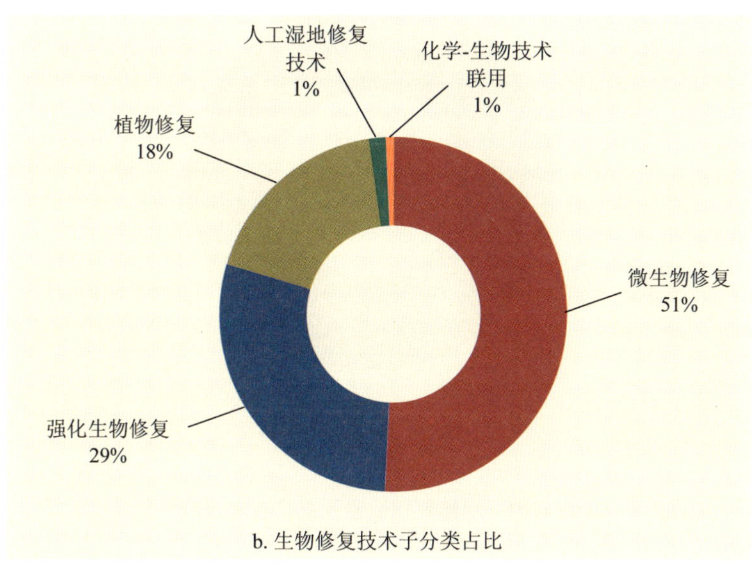


b. 生物修复技术子分类占比

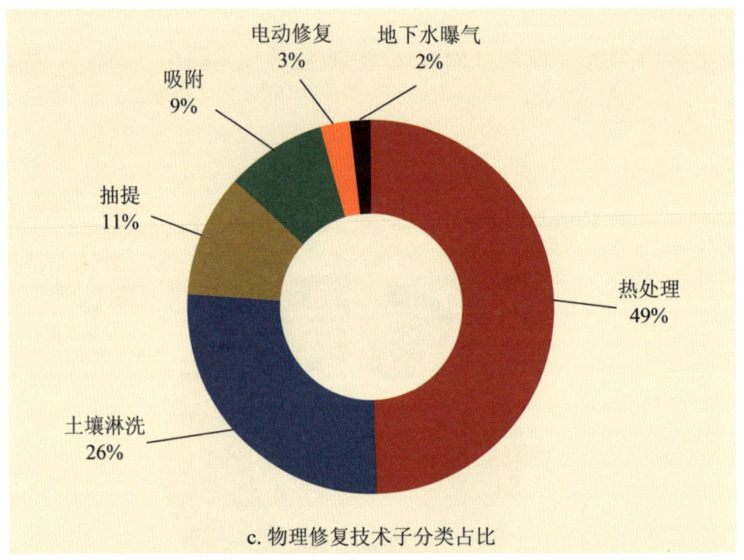

c. 物理修复技术子分类占比

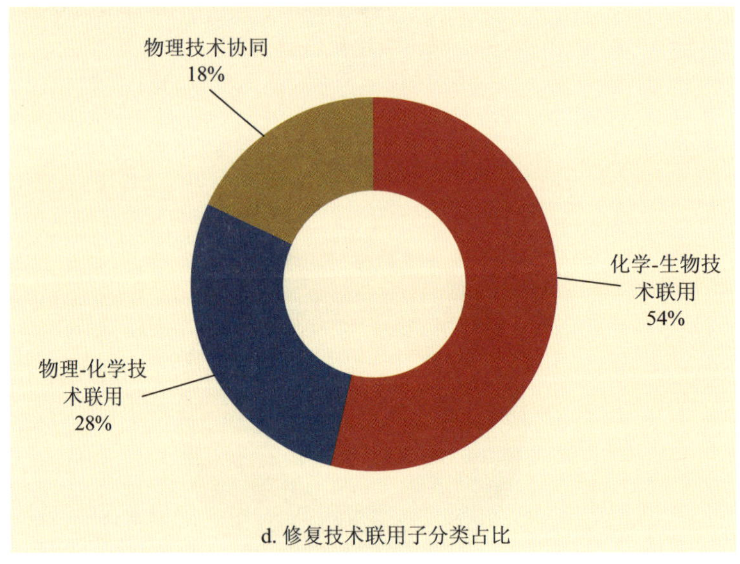

d. 修复技术联用子分类占比

图 5-7 土壤与地下水修复核心专利主要技术领域子分类占比

通过对核心技术专利的分析发现，国内外行业技术发展建立在传统修复技术的基础上，相关技术在 20～30 年前即已基本成熟。近 20 年来绝大多数专利是对已有技术的集成或完善，专利技术更多的属于应用创新和装备创新。纳米技术、电动修复等前沿科技在土壤与地下水修复行业的应用虽然也得到较多研究，但大多属于小试、中试研究，尚未商业化、规模化应用。行业在原创性、颠覆性的“黑科技”研发方面还需要做较多工作。

# 土壤与地下水修复设备专利分析

土壤修复与风险管控每个环节的实施都必须依托修复技术；修复设备是技术的载体，其发展受到从业人员的高度关注。本章对土壤风险管控与修复项目涉及的修复工程前处理、异位热脱附、异位土壤淋洗、原位热脱附、原位注入搅拌、固化/稳定化修复等设备及相关工艺的专利布局以及发展趋势进行了简要的分析。

## 6.1　土壤风险管控、修复设备及相关工艺

### 6.1.1　异位热脱附设备及相关工艺

异位热脱附系统可分为直接热脱附系统和间接热脱附系统，通过直接或间接加热的方式，将污染土壤加热至一定温度，通过控制温度和停留时间有选择地使污染物挥发，实现污染物与土壤颗粒的分离，尾气通过处理装置去除污染物后排放。

我国直接热脱附设备的相关研究开始于 2010 年，当时设备的核心部件需要从美国进口。2009 年，我国首次在修复项目中应用了进口的间接热脱附设备，并于 2012 年开始进行间接热脱附设备的研发工作。

如图 6-1 所示，通过检索异位热脱附设备及相关工艺专利布局可以发现，2001—2013 年相关专利布局数量还相对较少，到 2013 年以后专利布局数量开始大幅增加。这些专利布局的增量主要来自中国。

从近 20 年的异位热脱附设备及相关工艺专利布局的区域（图 6-2）来看，中国在该技术领域的专利布局数量最多，布局数量约是排名第 2 的韩国的专利布局数量的 10.4 倍，约是排名第 3 的美国的布局专利数量的 21.3 倍。

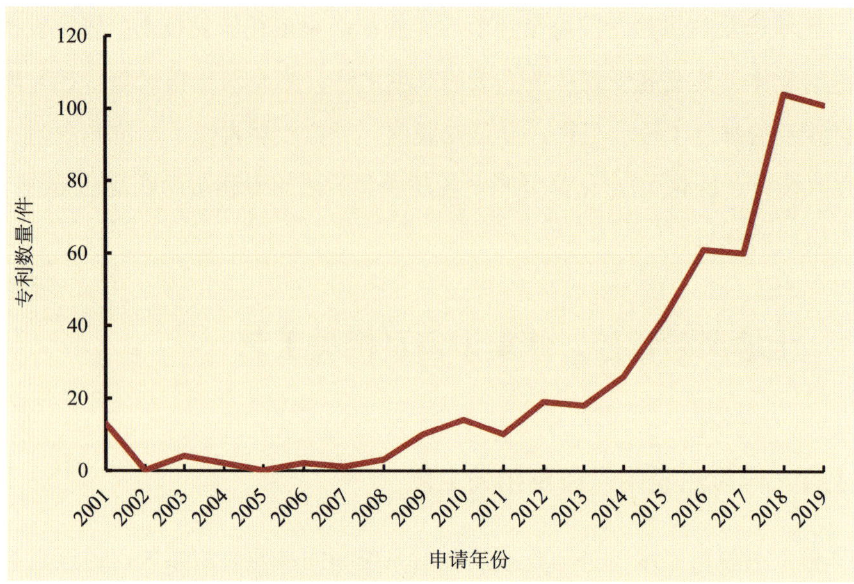


图 6-1 异位热脱附设备及相关工艺全球专利布局趋势

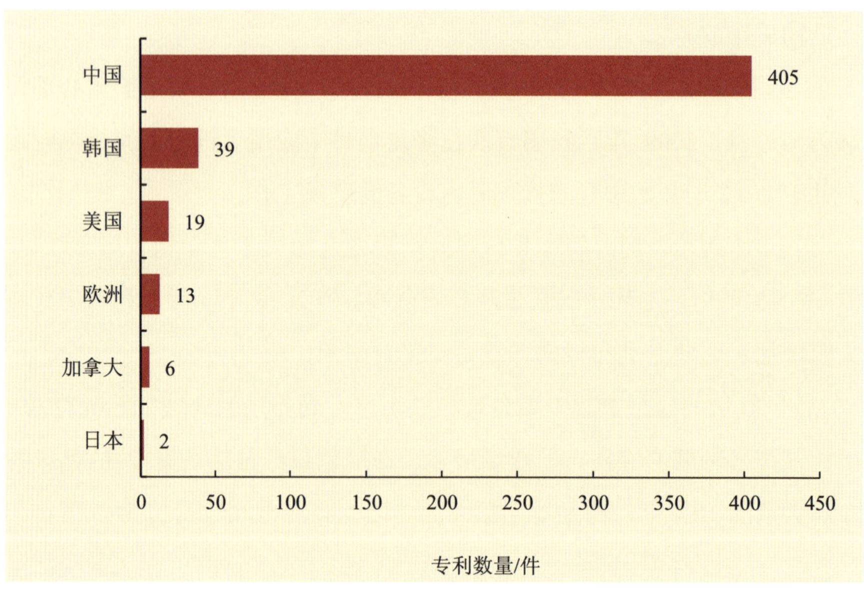


图 6-2 异位热脱附设备及相关工艺专利布局数量区域分布

如图 6-3 所示，异位热脱附设备及相关工艺专利的主要布局机构有中科鼎实环境工程有限公司、国际壳牌研究有限公司、生态环境部南京环境科学研究所、北京建工环境修复股份有限公司、广西博世科环保科技股份有限公司、武汉都市环保工程技术股份有限公司、DAEIL E&C 有限公司、浙江大学等。

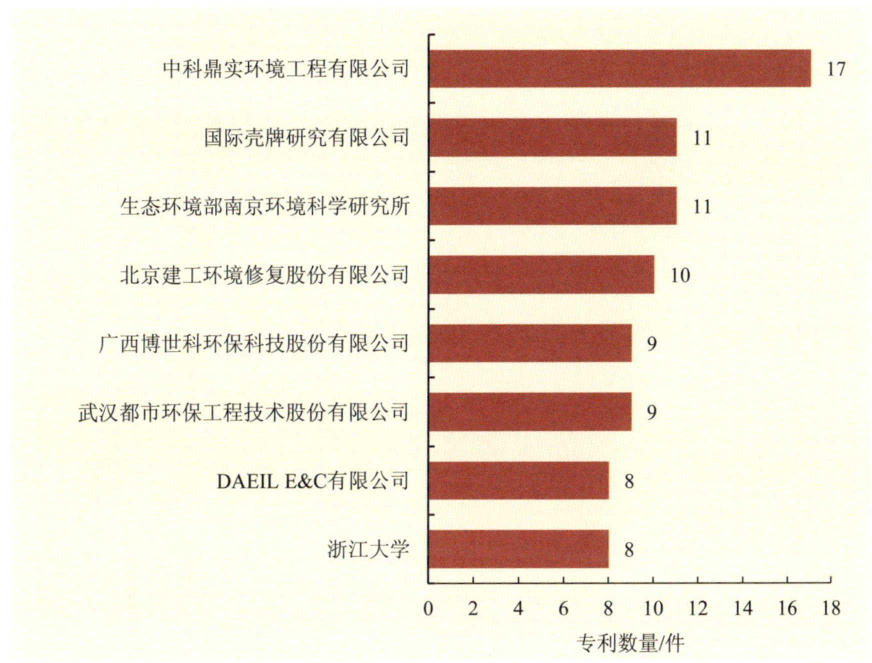


图 6-3 异位热脱附设备及相关工艺专利主要机构布局

## 6.1.2 异位土壤淋洗设备及相关工艺

土壤淋洗通常采用异位淋洗。异位淋洗是利用水或淋洗剂溶液将土壤中的污染成分与干净的成分分离的一种技术，是一种有效可行的土壤污染修复技术，在国内外均有成熟应用案例。1985 年，国内开始有土壤淋洗技术相关的论文发表，但直到 2007 年土壤淋洗技术相关研究才开始增多，且研究重点侧重于淋洗剂的筛选研制和污染物的迁移转化。依托国家高技术研究发展计划（“863 计划”）课题，2015 年国内研制出首套可工程应用的土壤淋洗设备。此后，国内土壤修复企业对土壤淋洗关键技术及设备进行了持续的研究和攻关，并在多个土壤修复工程项目中推广应用。在专利布局方面，土壤淋洗相关专利主要以工艺专利为主（多为在实验室阶段申请的技术方法），且很多是针对单一污染物开发的技术；针对复合污染土壤淋洗技术的专利较少；在淋洗系统集成以及淋洗设备制造方面的专利较少；很多专利中提到的工艺在实际工程应用中很少见到。

近 20 年土壤淋洗设备及相关工艺专利的申请数量规模不大，但是呈现出申请数量不断增加的趋势。如图 6-4 所示，2011 年以后该技术领域的专利申请数量快速增长，其峰值为 2017 年的 76 件。

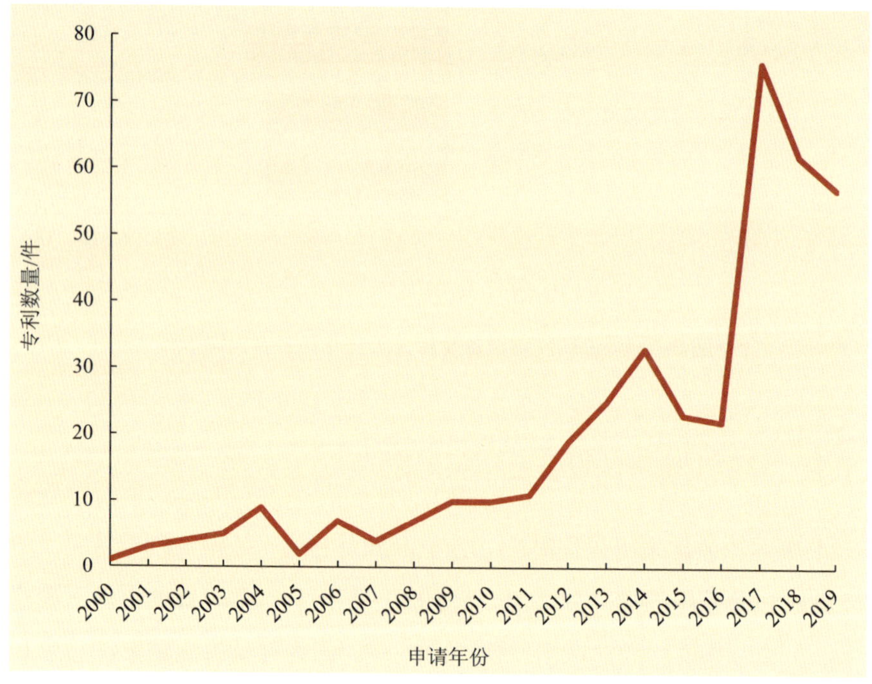


图 6-4 异位土壤淋洗设备及相关工艺全球专利布局趋势

从近 20 年的专利布局区域来看，中国、韩国和日本在该技术领域布局专利数量较多。其中，中国布局了 232 件专利，韩国布局了 88 件，日本布局了 46 件（图 6-5）。

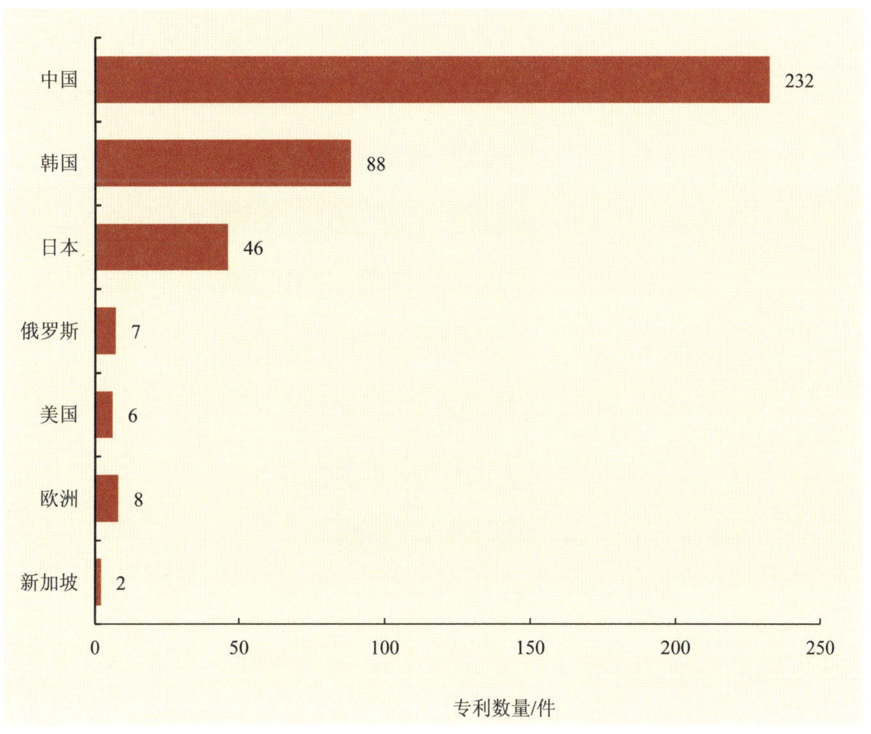


图 6-5　异位土壤淋洗设备及相关工艺专利布局数量区域分布

如图 6-6 所示，该技术领域机构专利的集中度不高，其中申请专利数量最多的机构是阿尔法环境工程公司（Alpha Environment Eng），共申请了 7 件；现代建设株式会社和湖北保灵华环保科技有限公司申请专利数量均为 6 件；韩国科隆水与能源公司（Kolon Water & Energy）、农业农村部环境保护科研监测所、上海应用技术学院和韩国土壤科技有限公司（Samwooeng）申请专利数量均为 5 件；北京建工环境修复股份有限公司和云南民族大学申请专利数量均为 4 件。

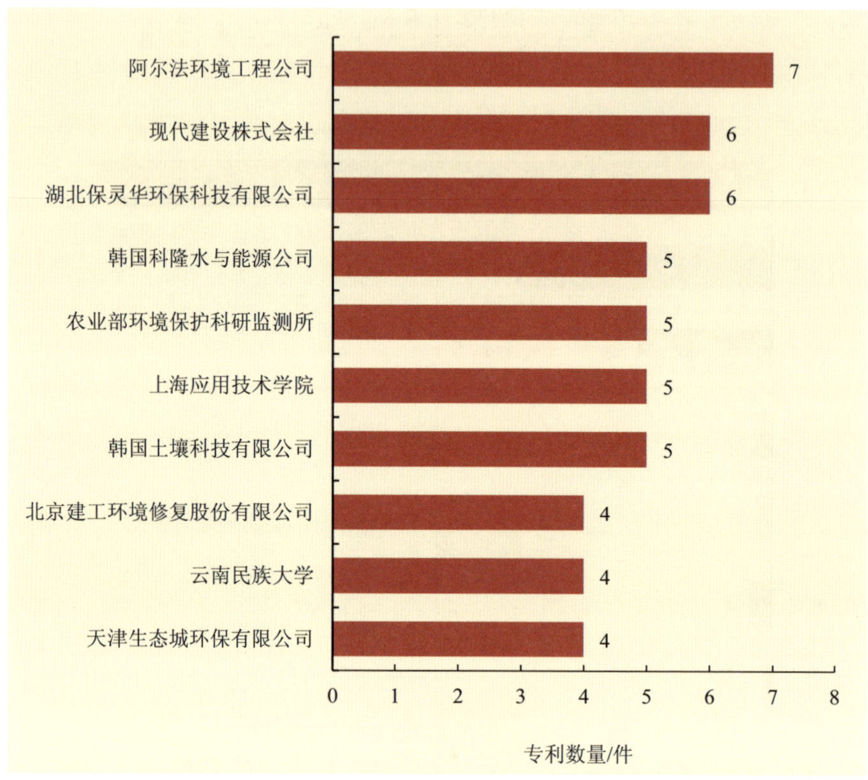


图 6-6 异位土壤淋洗设备及相关工艺专利主要机构布局

### 6.1.3 异位固化/稳定化设备及相关工艺

异位固化/稳定化技术是通过向污染土壤中添加固化剂或稳定化剂，使之与污染介质、污染物发生物理作用和化学作用，将污染土壤固封为结构完整的具有低渗透性的固化体，或将污染物转化成化学性质不活泼形态，降低污染物在环境中迁移和扩散的技术。目前采用异位固化/稳定化技术均需要借助专用设备来实现，修复设备的质量在一定程度上决定了异位固化/稳定化的修复效率和效果。

我国的污染土壤异位固化/稳定化技术研究起步于 21 世纪初。2010 年以来，该技术在工程上的应用数量快速增长，已成为土壤修复的主要技术方法之一。据不完全统计，目前国内实施土壤异位固化/稳定化修复的工程案例已超过 150 项。异位固化/稳定化技术实施依托的主要代表装备为土壤混合搅拌设备，包括固定式双轴土壤改良机设备和自走式土壤改良机设备，其中自走式土壤改良机设备是我国于 2011 年从日本引进的。目前，国内已经引进土壤混合搅拌设备 10 余台，国内企业也陆续开始研发异位固化/稳定化设备。

异位固化/稳定化领域的专利申请数量趋势与前几项技术类似（图 6-7），2011 年之后申请数量快速增长，到 2017 年专利申请数量达到峰值（281）。

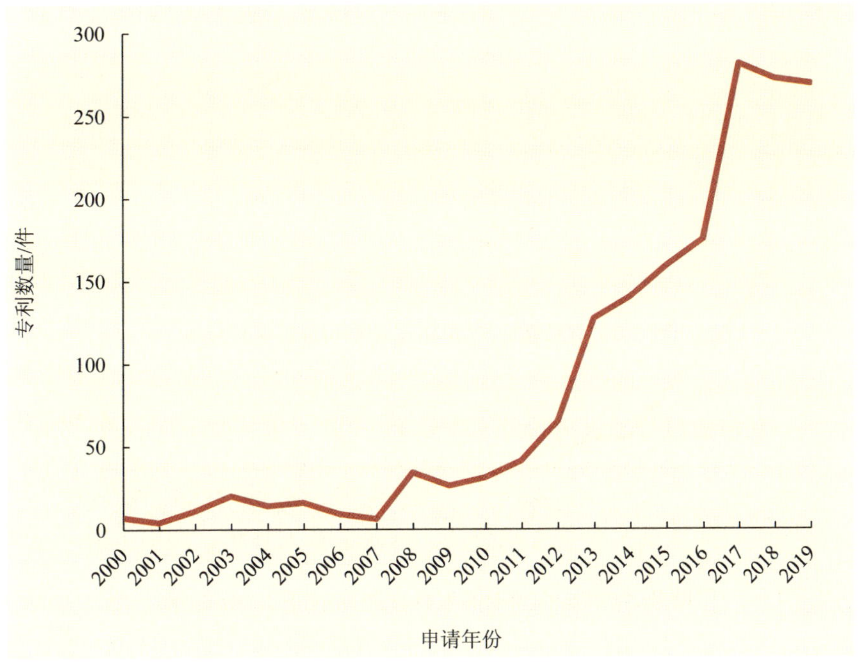


图 6-7　异位固化/稳定化技术全球专利布局趋势

由图 6-8 可知，近 20 年来中国非常重视异位固化/稳定化技术领域的专利布局，共申请了 1 492 件相关专利，同时期日本申请了 133 件，韩国申请了 45 件。

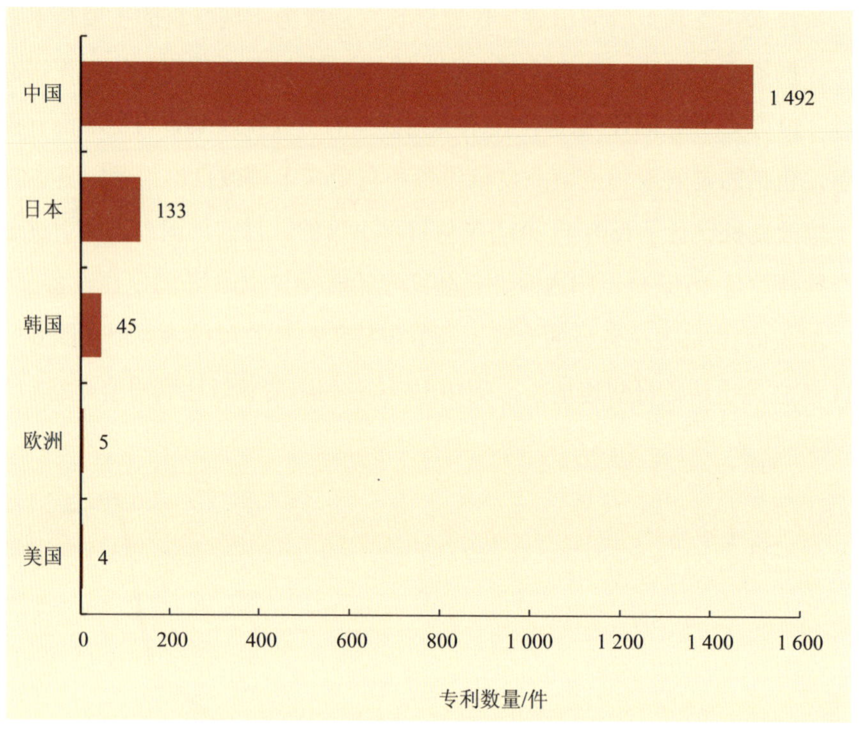


图 6-8 异位固化/稳定化技术专利数量区域分布

从专利申请数量的机构布局（图 6-9）来看，排名前 10 的机构中有 9 家来自中国，有 1 家来自日本。专利申请数量排名前 5 的机构分别是东南大学、北京高能时代环境技术股份有限公司、株式会社大林组、湖南恒凯环保科技投资有限公司和同济大学。

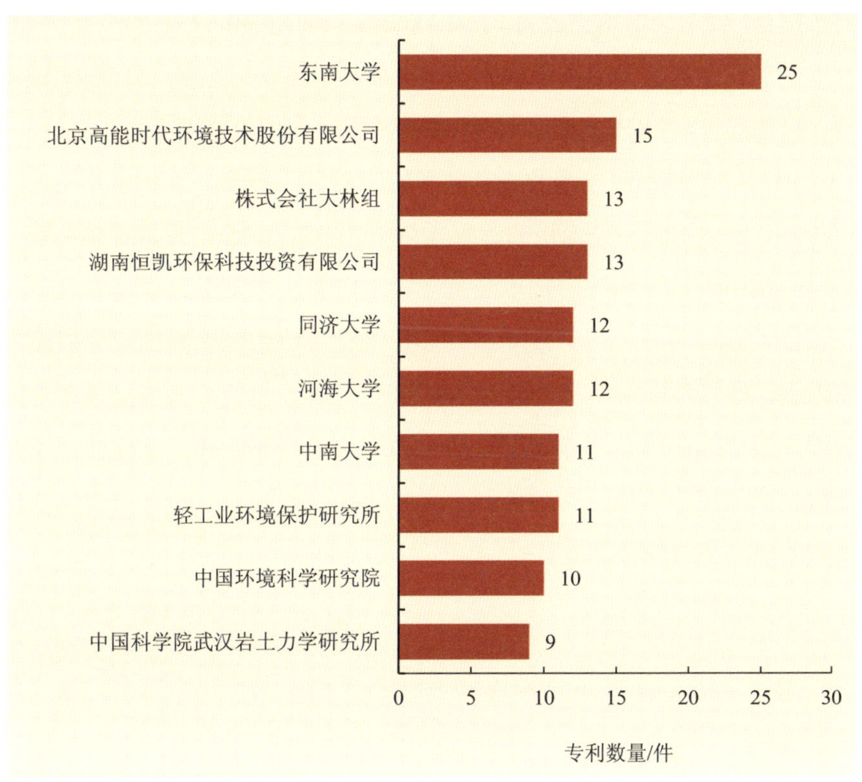


图 6-9　异位固化/稳定化技术专利主要机构布局

## 6.1.4　原位热脱附设备及相关应用工艺

原位热脱附修复技术的原理是通过加热提高污染区域的温度，增加气相或者液相中污染物的浓度，提高液相抽出或土壤气相抽提对污染物质的回收率。原位热脱附技术加热方式分为蒸汽加热（Steam Enhanced Extraction，SEE）、电阻加热（Electrical Resistive Heating，ERH）、传导加热（Thermal Conductive Heating，TCH）等。发达国家和地区对原位热脱附技术的研究较早，在 20 世纪 90 年代已经投入工程化应用。其中 TCH 技术核心专利由荷兰皇家壳牌石油公司持有，并由美国地热公司（Terra-Therm）独家提供 TCH 技术服务；ERH 技术核心专利由加拿大洁径公司（McMillan & McGee）持有。目前 TCH 技术专利保护期已过，ERH 技术的专利保护期也将在近几年到期。

中国对原位热脱附技术及成套装备的研发起步较晚，近几年才从国外引进设备并开始运用到污染地块的治理项目中。中国 2015 年开始对相关技术专利布局。在国内原位热脱附技术装备较多地应用于大型污染场地修复，而在国外该技术则较多地被用于修复小规模的污染场地。受能源供应（外线电力负荷限制、燃气供应限制）、项目工期、水文地质条件、二次污染控制等因素的影响，原位热脱附技术在大型场地上的应用仍需要进行严格论证；在原位热脱附技术的过程模拟、参数控制、尾水尾气处理等方面，目前我国依然较多地依赖国外公司的技术支持。

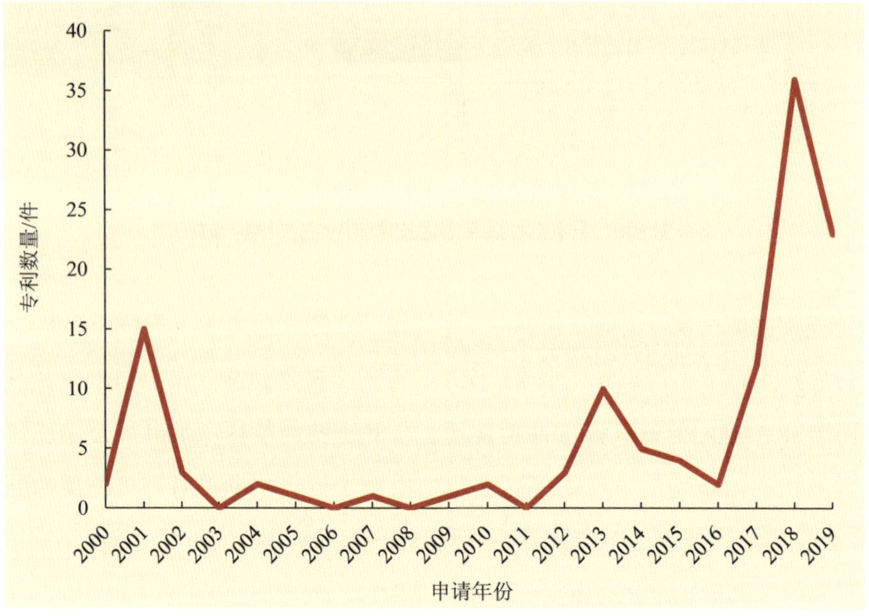


图 6-10 原位热脱附技术领域全球专利布局趋势

由图 6-10、图 6-11 可知，该技术领域专利布局数量不多。近 20 年中国在该技术领域布局专利的数量最多，达到 89 件。美国、欧洲和韩国等国家和地区的布局数量均未超过 10 件。

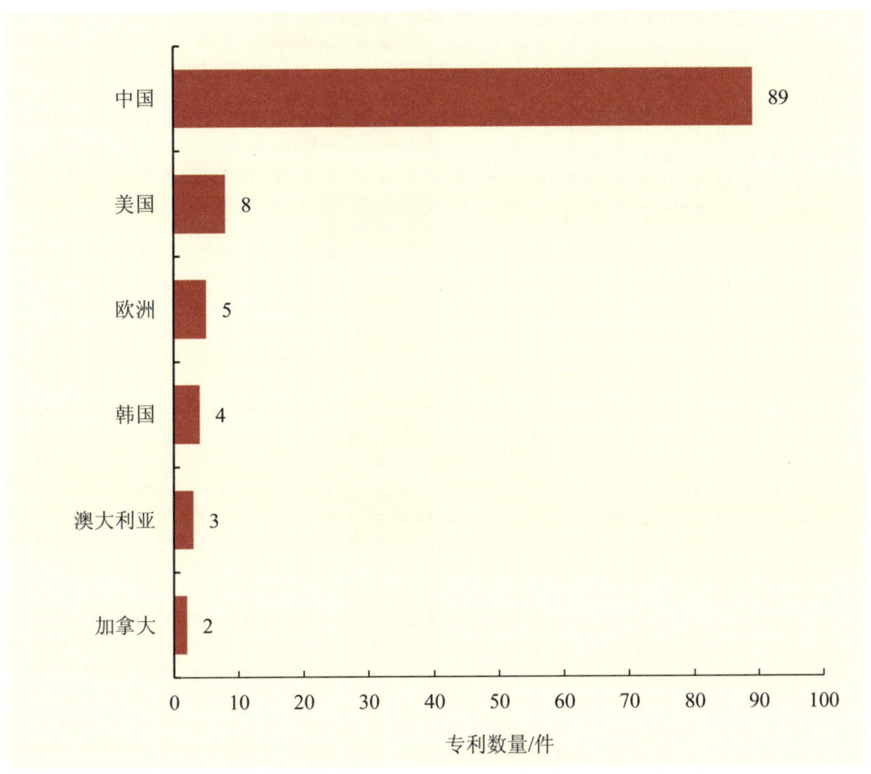


图 6-11 原位热脱附技术领域专利数量区域分布

从机构布局（图 6-12）来看，荷兰皇家壳牌石油公司在该领域专利申请数量最多，达到 13 件。北京高能时代环境技术股份有限公司和中冶南方都市环保工程技术股份有限公司的专利申请数量分别为 6 件和 5 件。

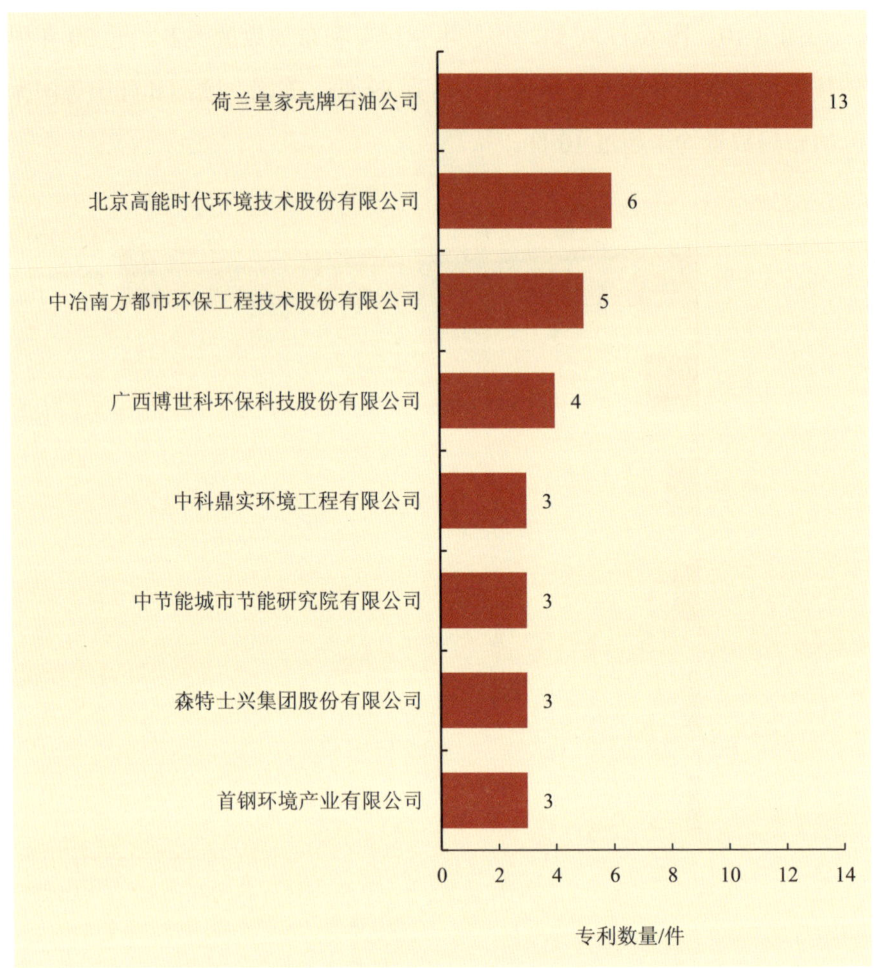


图 6-12 原位热脱附技术领域主要机构的专利布局

## 6.1.5 原位注入/搅拌设备

原位注入/搅拌设备主要用于化学修复。化学修复分为化学氧化修复和化学还原修复，该技术具有去除效率高、修复周期短、二次污染易于控制、可处理多种污染物等优点，一般不受污染物浓度限制，在修复行业应用十分广泛。2007—2018 年，我国修复项目中化学氧化/还原法的应用占比为 24%～41%。美国在 2005—2011 年对修复技术应用频率的统计数据显示，化学氧化/还原法在修复项目中的应用占比为 18%～42%。原位注入/搅拌设备是原位化学氧化/还原技术的关键设备。

现有的原位化学氧化/还原修复药剂主要有两种投加方式——搅拌和注入（或注射），其中原位搅拌一般按深度划分为浅层搅拌（一般小于 4 m）和深层搅拌；原位注入（或注射）分为直压式注入、注入井注入、化学注浆。自 2010 年我国在北京地区率先开展了针对多环芳烃有机污染物的原位化学氧化关键技术设备研发与示范工程以来，国内修复企业对原位化学氧化/还原关键技术及设备进行了持续深入的研究和攻关，并在多个土壤修复工程项目中推广应用，已有多个成功工程应用案例。

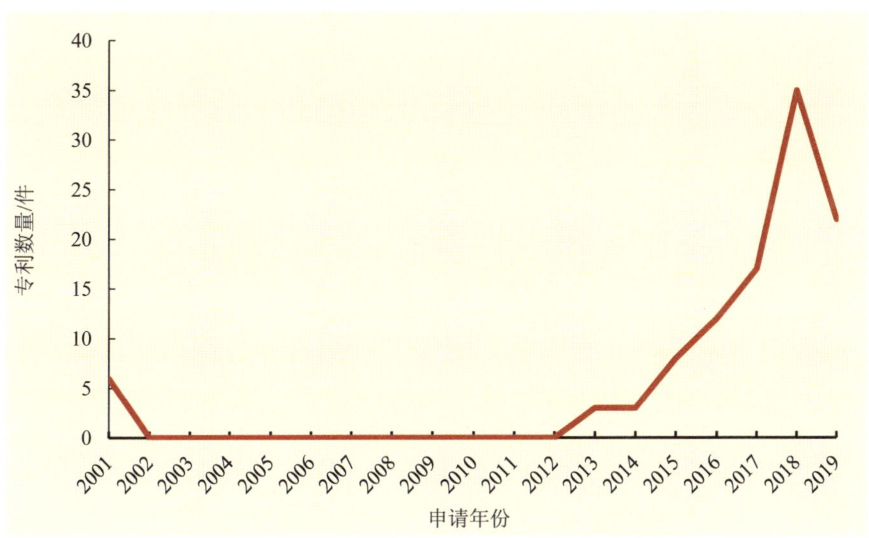


图 6-13　原位注入/搅拌技术领域全球专利布局趋势

从图 6-13 中可以看出，国际上对原位注入/搅拌专利的布局较晚，2014 年以后该技术领域的专利布局开始增加。从专利布局区域（图 6-14）来看，中国在该技术领域布局的专利数量最多，达到 82 件；日本和美国的专利布局数量分别为 5 件和 4 件。

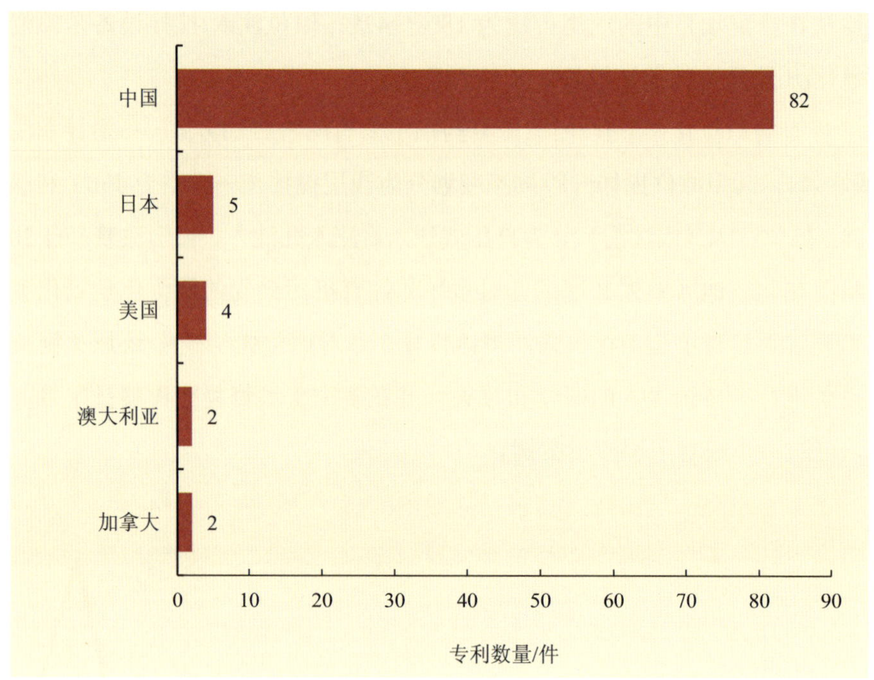


图 6-14 原位注入/搅拌技术领域技术专利数量区域分布

从机构布局（图 6-15）来看，北京建工环境修复股份有限公司的原位注入/搅拌技术领域申请专利数量排名第一，共计 18 件；上海岩土工程勘察设计研究院有限公司申请专利数量排名第二，共计 8 件；青岛理工大学专利申请数量排名第三，共计 7 件。

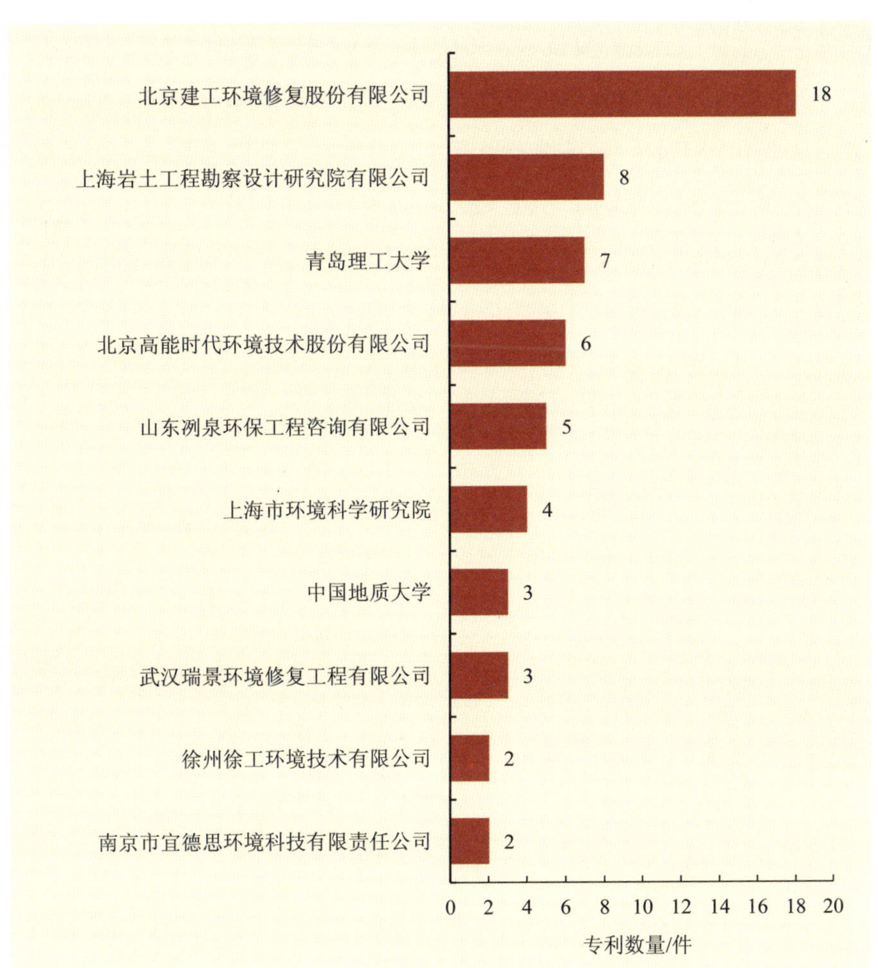


图 6-15　原位注入/搅拌技术领域专利机构的专利布局

## 6.1.6　原位气相抽提设备

1990—2000 年，美国大力研发原位土壤修复技术，其中针对不饱和区域修复开发的土壤气相抽提（Soil Vapor Extraction，SVE）技术因其效率高、成本低、设计灵活和操作简单等特点得以迅速发展，成为美国国家环境保护局倡导的“革命性”土壤修复技术。2012 年，SVE 技术在我国首次工程化应用。2007—2018 年，我国修复项目中应用 SVE 技术的比例较小，为 4.5%～8.1%，主要原因是我国工业污染场地土地开发节奏快、污染情况复杂，加之南方大部分为饱和层修复，限制了 SVE 技术在我国的应用与发展。近年来，我国开始重视 SVE 技术的多学科交叉、多技术联用工艺的研发，例如 SVE 技术与原位热脱附技术的耦合工艺、多相抽提技术等，其中针对饱和层修复的多相抽提技术及设备已经在修复工程中得到应用。

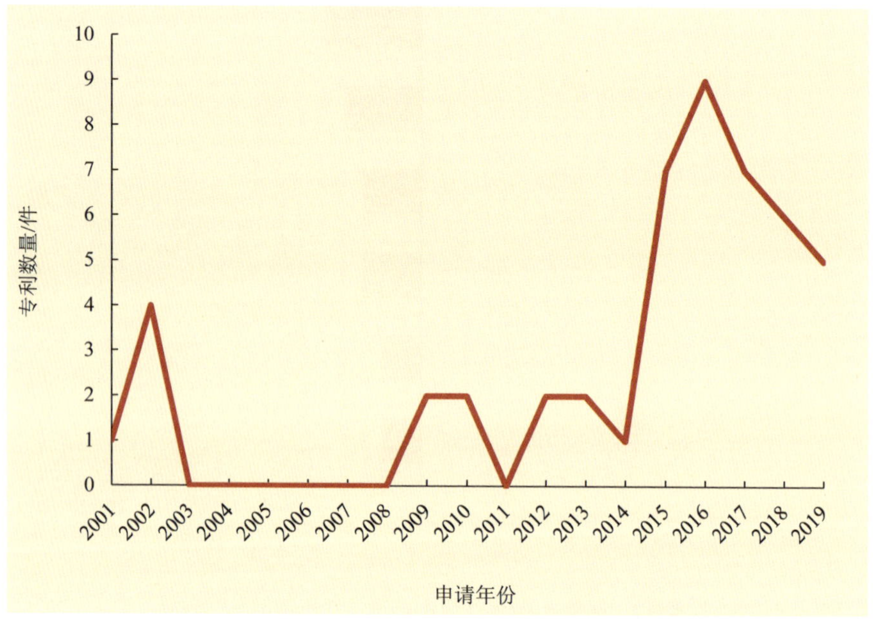


图 6-16　原位气相抽提技术领域全球布局趋势

从图 6-16 中可以看出，原位气相抽提技术领域整体的专利申请数量不多，前期有少量申请，中间部分年份申请量为 0，直到 2014 年以后专利申请数量才开始增加。

从专利布局区域（图 6-17）来看，近 20 年来仅中国、韩国和美国在该技术领域进行了专利布局。其中，中国的专利申请数量为 31 件，韩国为 15 件，美国为 2 件。

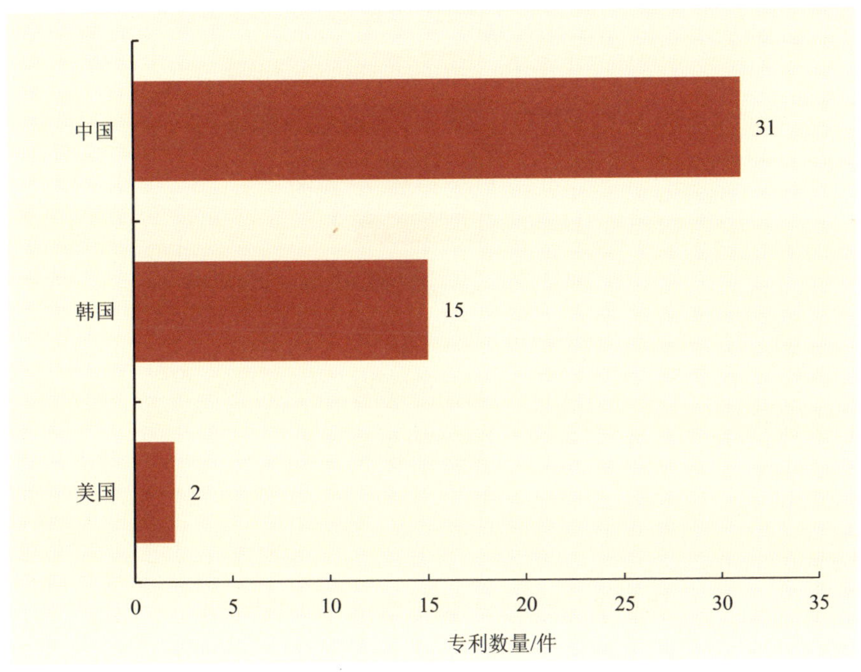


图 6-17　原位气相抽提技术领域专利数量区域分布

从机构布局（图 6-18）来看，专利申请数量排名前三的机构分别是北京建工环境修复股份有限公司（6）、韩国孝琳产业公司（Hyorim Inds）（5）和中国环境科学研究院（4）。

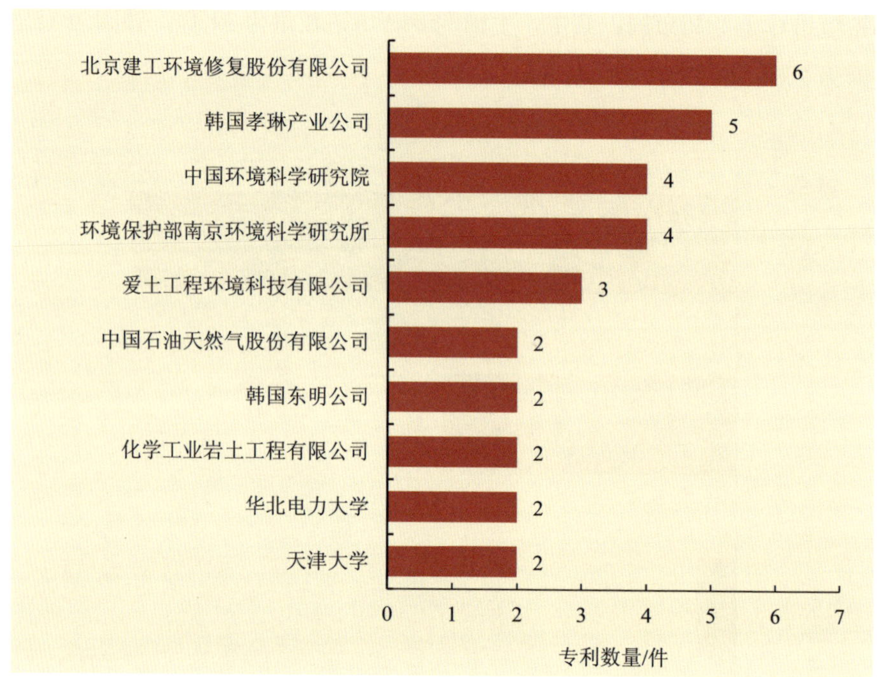


图 6-18 原位气相抽提技术领域专利机构布局

## 6.2 场地采样、监测与分析检测设备及技术

土壤风险管控与修复工作还涉及前期的土壤状况调查和后期的修复效果评估，调查和评估结果可以对修复项目的实施起到辅助和技术支撑作用，调查和评估工作需要依托场地采样、现场监测和分析检测设备来实现。因为调查评估技术设备领域专利不在本次专利检索的范围内，本节仅对场地采样、监测与分析检测技术装备的应用现状和发展趋势作简要说明。

因土壤非均质性强，其污染具有隐蔽性，场地采样时，必须采取钻探手段，才能取得有代表性的样品。目前场地调查过程中应用较多的钻进方法有锤击钻探和直接推进式钻探，直接推进式钻探设备是目前行业重点发展的专用技术设备。国际上直接推进式钻机最大的生产厂商为地探系统公司（Geoprobe Systems），国内的江苏盖亚环境科技股份有限公司也在开发类似的钻机产品。

在场地调查过程中，常常需要使用便携式监测设备来辅助筛查污染区域，以便快速确定污染的范围和深度。目前使用的便携式监测设备主要有 X 射线荧光光谱分析（XRF）快速检测仪、光离子气体（PID）快速检测仪、土壤中总石油烃（TPH）快速检测仪等。目前我国针对 XRF、PID、TPH 等监测设备的发展重点在于实现设备的国产化，同时提高设备对我国土质的适应性，提升设备检测精度和稳定性以及实现监测数据实时传输和污染区域成像展示等功能。

土壤分析检测设备可分为样品前处理设备和分析设备两大类。样品前处理设备包括土壤研磨机、自动筛分器、萃取用的索氏提取仪、加速溶剂萃取仪（ASE）、微波消解仪、超临界流体萃取设备等；分析设备包括精密酸度计、电导率仪、浊度仪、总有机碳分析仪、盐分检测仪等，基于光谱分析法的分光光度计、红外光谱仪、原子吸收光谱仪、原子荧光光度计、电感耦合等离子光谱发生仪等，基于色谱分析法的气相色谱仪、液相色谱仪、薄层色谱仪、离子色谱仪等，基于多技术联合的气相色谱-质谱联用仪（GC-MS）、高效液相色谱-质谱联用仪（HPLC-MS）、电感耦合等离子体质谱仪（ICP-MS）、气相色谱-傅里叶红外光谱仪（GC-FTIR）等。

# 第 7 章

# 全球土壤与地下水修复科研态势

为研究全球土壤与地下水修复领域的科研趋势，本书编写组对 2010—2019 年土壤与地下水修复领域入选《科学引文索引》（Science Citation Index，SCI）的相关研究与综述文章进行了检索分析，检索采用的数据库为 ISI Web of Science-SCI。本书编写组共检索到 SCI 论文 20 536 篇（下文中出现的“论文”如无特别说明，均为入选 SCI 的论文），本章列举了论文发表数量较多的机构和期刊，梳理了获得科技奖项目数量和实用技术示范工程推广工作的数据，结合论文关键词分析和专利分析，提出相关研发趋势观点供读者参考。

## 7.1 研究趋势分析

纵观土壤与地下水修复技术领域近 10 年发表的 SCI 论文可以发现（图 7-1），除 2010 年外，其他年份论文发表数量均超过了 1 500 篇；除 2017 年和 2019 年论文发表数量下降以外，其他年份论文数量都出现了增长。2018 年 SCI 论文发表数量达到峰值（2 651 篇）。总体来看，土壤与地下水修复技术领域的对科研工作人员有较强的吸引力。

## 7.2 研究区域分布

从论文数据来看，全球共有 120 多个国家开展了土壤与地下水修复技术领域的研究，论文发表数量排名前 10 的国家见图 7-2。论文发表数量排名前 5 的国家分别是中国、美国、印度、西班牙和加拿大，上述 5 个国家在土壤与地下水修复技术领域的论文发表数量占该领域 SCI 论文总量的 63.12%。

中国在该领域的论文发表数量占绝对优势，占该领域全部论文发表数量的 32.6%，排名第一；美国位居第二，在该领域论文发表数量占该领域全部论文发表数量的 15.06%。韩国和日本在该领域的论文发表数量占该领域全部论

文发表数量的比例都在3%左右。

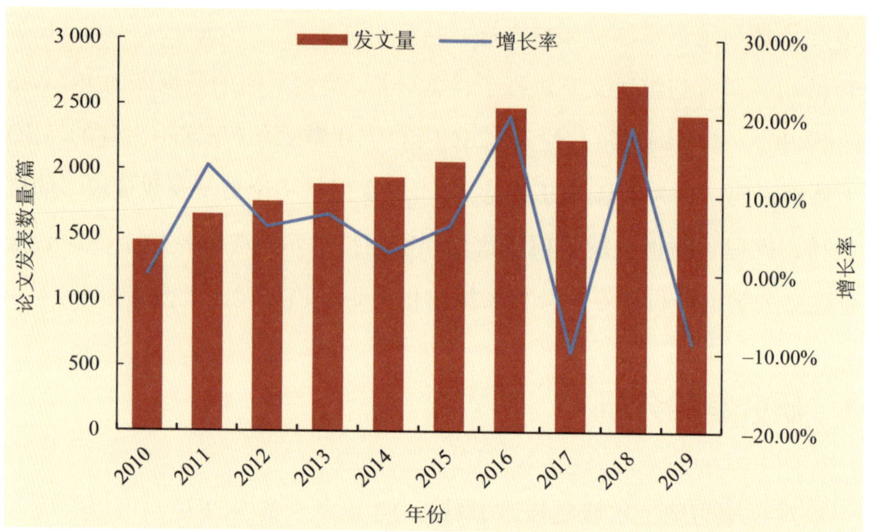


图7-1　2010—2019年土壤与地下水修复技术领域SCI论文发表情况

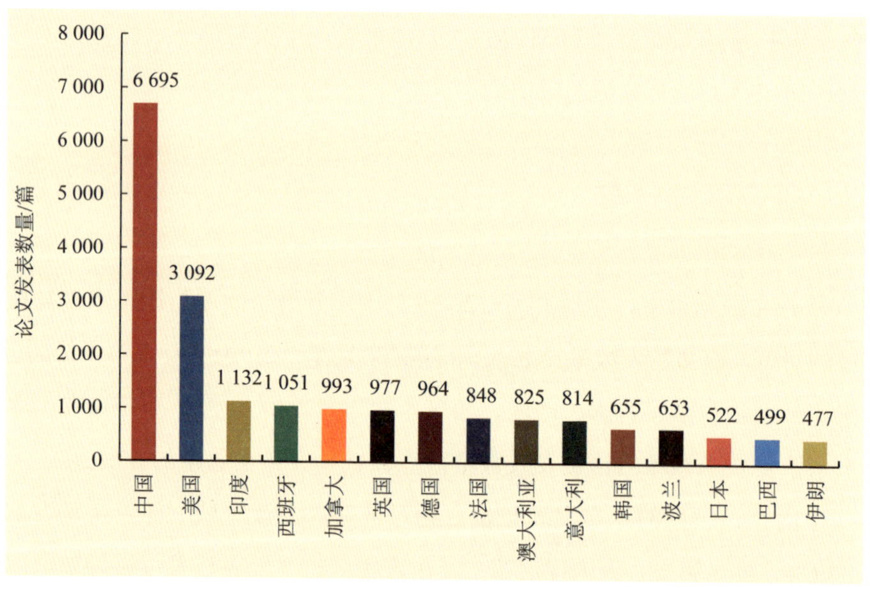


图7-2　2010—2019年土壤与地下水修复技术领域SCI论文国家分布

## 7.3 研究领先的机构分布

表 7-1 列出了全球土壤与地下水修复领域发表论文数量排名前 15 的机构，其中有 10 家机构来自中国，由此可见，中国对该领域的研究最为积极。论文发表数量排名前 5 的机构依次是中国科学院、浙江大学、中国地质大学、北京师范大学和西班牙国家研究委员会。

表 7-1 2010—2019 年土壤与地下水修复领域技术 SCI 论文研究机构分布

| 排名 | 作者机构[中文（英文）] | 论文数量/篇 | 所在国家 |
|---|---|---|---|
| 1 | 中国科学院（Chinese Acad Sci） | 1 706 | 中国 |
| 2 | 浙江大学（Zhejiang Univ） | 345 | 中国 |
| 3 | 中国地质大学（China Univ Geosci） | 238 | 中国 |
| 4 | 北京师范大学（Beijing Normal Univ） | 224 | 中国 |
| 5 | 西班牙国家研究委员会（CSIC） | 221 | 西班牙 |
| 6 | 清华大学（Tsinghua Univ） | 212 | 中国 |
| 7 | 中国环境科学研究院（Chinese Res Inst Environm Sci） | 203 | 中国 |
| 8 | 南京大学（Nanjing Univ） | 189 | 中国 |
| 9 | 南京农业大学（Nanjing Agr Univ） | 184 | 中国 |
| 10 | 佛罗里达大学（Univ Florida） | 184 | 美国 |
| 11 | 北京大学（Peking Univ） | 173 | 中国 |
| 12 | 兰卡斯特大学（Univ Lancaster） | 157 | 英国 |
| 13 | 南开大学（Nankai Univ） | 137 | 中国 |
| 14 | 纽卡斯尔大学（Univ Newcastle） | 133 | 英国 |
| 15 | 美国国家环境保护局（EPA） | 131 | 美国 |

## 7.4 刊发论文的期刊分布

已发表的土壤与地下水修复技术领域论文涉及 448 种刊发期刊。448 种期刊中，该领域论文发表量最多的前 5 种期刊分别是《环境科学与污染研究》（*Environmental Science and Pollution Research*）（1 606 篇）、《全面环境科学》（*Science of the Total Environment*）（1 597 篇）、《大气层》（*Chemosphere*）（1 596 篇）、《有害材料杂志》（*Journal of Hazardous Materials*）（1 071 篇）和《环境污染》（*Environmental Pollution*）（824 篇）。448 种期刊中《环境科学与技术》（*Environmental Science & Technology*）的影响因子最高，达 7.149。

表 7-2　2010—2019 年土壤与地下水修复技术领域 SCI 论文发文期刊分布

| 排名 | 期刊名称[中文（英文）] | 载文量/篇 | 2018 年期刊影响因子 |
|---|---|---|---|
| 1 | 《环境科学与污染研究》（*Environmental Science and Pollution Research*） | 1 606 | 2.914 |
| 2 | 《全面环境科学》（*Science of the Total Environment*） | 1 597 | 5.589 |
| 3 | 《大气层》（*Chemosphere*） | 1 596 | 5.108 |
| 4 | 《有害材料杂志》（*Journal of Hazardous Materials*） | 1 071 | 7.65 |
| 5 | 《环境污染》（*Environmental Pollution*） | 824 | 5.714 |
| 6 | 《环境科学与技术》（*Environmental Science & Technology*） | 810 | 7.149 |
| 7 | 《水、空气、土壤污染》（*Water Air and Soil Pollution*） | 601 | 1.774 |
| 8 | 《生态毒理学与环境安全》（*Ecotoxicology and Environmental Safety*） | 594 | 4.527 |
| 9 | 《土壤与沉积物杂志》（*Journal of Soils and Sediments*） | 546 | 2.669 |
| 10 | 《环境监测与评价》（*Environmental Monitoring and Assessment*） | 499 | 1.959 |

## 7.5 论文发表影响力排名

论文的被引总频次可以反映出论文的影响力。从表 7-3 中可以看出，被引总频次排名前 10 的国家依次是中国、美国、英国、西班牙、印度、德国、加拿大、澳大利亚、法国和意大利。其中，中国的论文被引总频次为 102 377 次，领先于其他国家，但是，中国每篇论文的平均被引频次仅为 15.29 次，世界排名第 12。每篇论文的平均被引频次最高的国家是英国，达 20.72 次。中国论文发表总数和被引总频次排名均为第 1，每篇论文的平均被引频次稍落后，说明当前中国论文的平均质量与其他主要发文国家相比还有一定差距。

表 7-3 不同国家 2010—2019 年土壤与地下水修复技术领域 SCI 论文被引用情况

| 排名 | 国家 | 论文发表数量/篇 | 被引总频次 | | 每篇论文平均被引频次 | |
|---|---|---|---|---|---|---|
| | | | 频次/次 | 排名 | 频次/次 | 排名 |
| 1 | 中国 | 6 695 | 102 377 | 1 | 15.29 | 12 |
| 2 | 美国 | 3 092 | 60 157 | 2 | 19.46 | 4 |
| 3 | 印度 | 1 132 | 19 122 | 5 | 16.89 | 10 |
| 4 | 西班牙 | 1 051 | 20 072 | 4 | 19.10 | 6 |
| 5 | 加拿大 | 993 | 17 050 | 7 | 17.17 | 9 |
| 6 | 英国 | 977 | 20 244 | 3 | 20.72 | 1 |
| 7 | 德国 | 964 | 18 396 | 6 | 19.08 | 7 |
| 8 | 法国 | 848 | 15 771 | 9 | 18.60 | 8 |
| 9 | 澳大利亚 | 825 | 17 009 | 8 | 20.62 | 2 |
| 10 | 意大利 | 814 | 15 549 | 10 | 19.10 | 5 |
| 11 | 韩国 | 655 | 13 155 | 11 | 20.08 | 3 |
| 12 | 波兰 | 653 | 7 908 | 13 | 12.11 | 14 |
| 13 | 日本 | 522 | 8 334 | 12 | 15.97 | 11 |
| 14 | 巴西 | 499 | 6 148 | 14 | 12.32 | 13 |
| 15 | 伊朗 | 477 | 4 798 | 15 | 10.06 | 15 |

## 7.6 科研主题分析

根据检索出的 SCI 论坛数据，通过德文特数据分析（Derwent Data Analyzer，DDA）系统和 VOSviewer 分析工具对科研关键词进行分析，得到土壤与地下水修复技术领域涉及的科研高频关键词包括重金属、生物修复、植物修复、生物降解、多环芳烃、砷、镉、生物炭、萃取和风险评估等（图 7-3）。

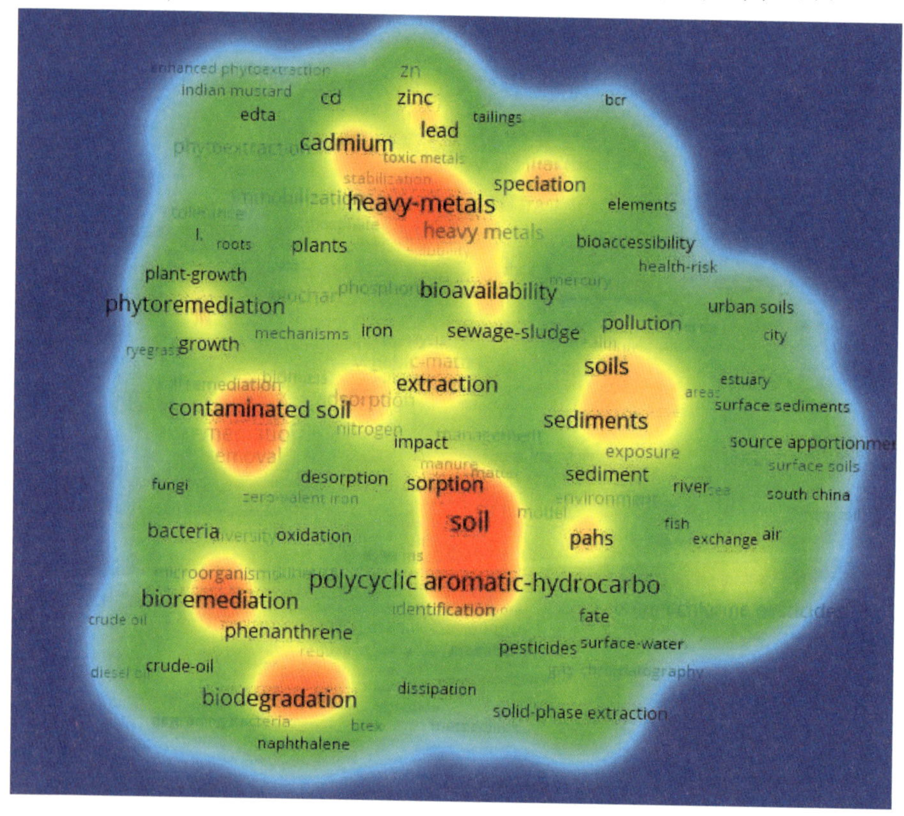


图 7-3　2010—2019 年土壤与地下水修复领域 SCI 论文关键词聚类分析

## 7.7　科研及科技奖励情况

从网上新闻检索结果可以看出，“十五”期间，国家高技术研究发展计划（“863 计划”）项目针对受砷、铜和锌污染的土壤，综合集成选种、育种、强化吸收等多项自行研发的植物修复技术，完成了 3 个 10 亩以上面积的植物修复示范基地的建设。“十一五”期间，“863 计划”于 2007 年设立了土壤污染与修复技术、土壤污染生态风险评价技术等研发方向，安排国拨经费 800 万元用于土壤修复科研工作。总体来看，2000—2010 年我国土壤与地下水修复技术领域的国家科研项目较少，技术研发工作还处于起步探索阶段。

“十二五”期间，“863 计划”设置了“污染土壤修复技术及示范”重大项目。该重大项目支持研发了植物修复、原位钝化、生理阻控等系列技术、产品与设备；开发了具有自主知识产权的场地土壤快速淋洗、热脱附、固化/稳定化、多相抽提、渗透反应屏障等修复设备，共研发修复技术 33 项、修复制剂或产品 25 种、修复设备 14 套，申请国家发明专利 159 件（其中国际发明专利 5 件），形成各类标准、技术与工程规范 47 件，建设和完成污染场地和农田修复示范工程 21 个、修复产品和设备产业化基地 4 个，培育了 5 家土壤修复领域骨干企业，形成了一个高水平的农田土壤和场地修复的产学研管团队。该重大项目为我国建立了较为完整的土壤与地下水技术体系和管理规范体系，为“十三五”期间我国土壤与地下水技术研发工作快速发展奠定了坚实的基础。

2016 年，国务院发布的《土壤污染防治行动计划》（国发〔2016〕31 号）对相关科研工作做了安排部署。2016 年国务院发布的《“十三五”国家科技创新规划》（国发〔2016〕43 号）首次在国家科技规划中对土壤污染治理相关的基础研究和共性关键技术研究工作进行系统布局。至此，我国土壤与地下水修复相关技术研发工作加速推进。2018 年，国家重点研发计划“场地土壤污染成因与治理技术”重点专项正式启动，该重点专项结合《土壤污染防治行动计划》要求，紧紧围绕国家场地土壤污染防治的重大科技需求，重点支持场地土壤污染形成机制、监测预警、风险管控，治理修复、安全利用等技术、材料和装备创新研发与典型示范，仅在 2018 年就安排 33 个研究方向，国拨经费总概算 6.5 亿元。“十三五”期间，以国家科技规划、土壤污染防治行动计划、国家重点研发计划重点专项等政策的发布为标志，我国土壤与地下水技术研发工作进入全面快速发展阶段。

科研成果的获奖情况可以反映我国土壤与地下水技术成果水平。据本书编写组统计，2000—2019 年，共计有 8 个土壤与地下水修复科研领域项目获得国家级科技奖励，其中 2 个项目获得国家自然科学奖二等奖，6 个项目获得国家科技进步奖二等奖。

在行业科技奖励方面，2002 年国家环境保护总局设立了环境保护科学技术奖。2002—2019 年共有 36 个土壤与地下水修复领域的项目获得环境保护科学技术奖。获奖项目数量同国家土壤与地下水技术研发工作进展有明显的相关性。“十五”和“十一五”期间获得环境保护科学技术奖的项目数量仅有 5 项；“十二五”期间，获奖项目增长到 15 项；“十三五”的前 4 年（2016—2019 年）获奖项目数量已经超过“十二五”获奖项目数量总和，达到了 16 项。此外，2018 年中国环境保护产业协会设立了环境技术进步奖，2019 年有 4 个土壤修复领域的科技项目获得首届环境技术进步奖。土壤与地下水修复技术领域获得科技奖励的单位情况如图 7-4 所示。

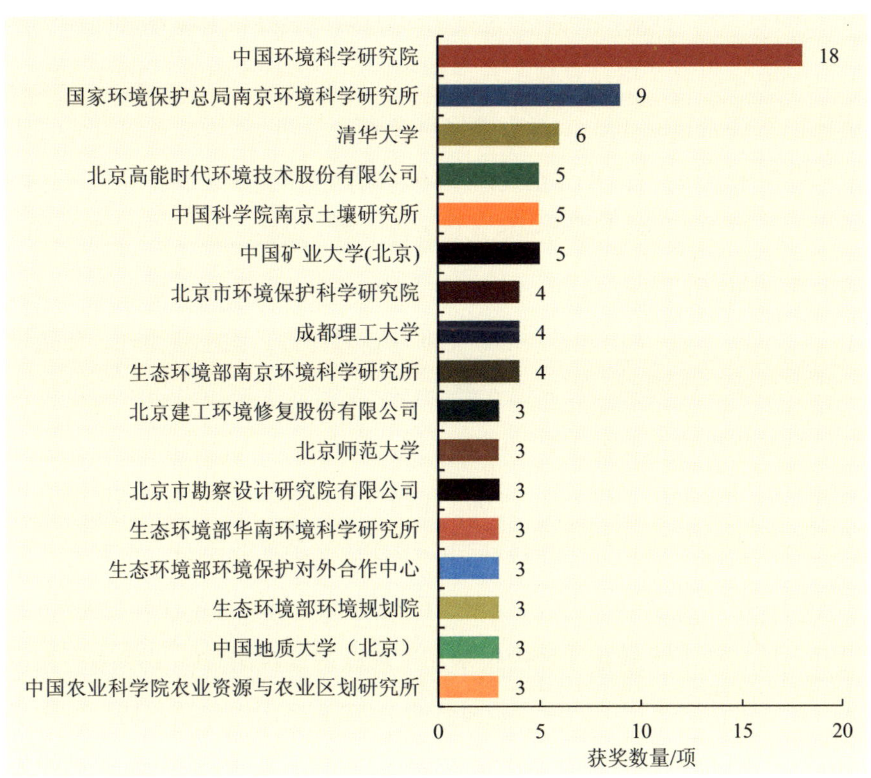


图 7-4　土壤与地下水修复技术领域获得科技奖励的单位情况

## 7.8　技术推广情况

近 20 年来，生态环境部、科技部等部委以及中国环境保护产业协会等行业组织在土壤与地下水修复技术领域开展了大量的技术推广工作，对土壤与地下水技术成果转化推广起到了促进作用。2000—2019 年生态环境部通过发布技术目录的形式，向社会推荐先进土壤与地下水修复技术 56 项。其中 2001—2010 年共推荐技术 15 项：2001 年、2002 年仅在《国家重点环境保护实用技术推广项目目录》中推荐有色尾矿库复垦、改良种植土壤方面的2项技术；2003—2006年没有土壤修复技术入选环境保护部的技术目录；2007—2009年环境保护部技术目录工作推荐土壤修复技术数量略有增长，《国家先进污染防治示范技术名录》《国家鼓励发展的环境保护技术目录》共推荐技术13项。2010—2013年目录推荐土壤与地下水修复技术数量增长明显，共25项；2014年开始，环境保护部目录分技术领域编制发布，2014年土壤领域目录共推荐技术15项。此外，2017年，科技部、工业和信息化部、国土资源部、环境保护部、住房和城乡建设部、农业部6部委联合发布《土壤污染防治先进技术装备目录》共推广技术装备成果14项。

在行业技术推广工作方面，2003年国家环境保护总局的"国家重点环境保护实用技术推广项目"工作转移到中国环境保护产业协会，更名为"重点环境保护实用技术示范工程"（以下简称实用技术和示范工程）。2003—2010年没有土壤与地下水修复领域的技术和工程获得此项荣誉，说明当时相关技术成果在污染治理工程中的应用数量较少。2011—2019年这一情况发生了明显变化，共有37个项目入选实用技术或示范工程。从实用技术和示范工程的数据看，"十二五"期间我国土壤与地下水修复技术成果开始在污染治理工程中加快推广应用，企业开始重视对技术成果的总结与推荐工作，修复材料、固化/稳定化、化学氧化/还原、多相抽提、热脱附、混合搅拌装备等技术以及化工、农药、冶金等技术和工程的数量快速增加，北京建工环境修复股份有限公司、北京宜为凯姆环境技术有限公司、浙江宜可欧环保科技有限公司、北京高能时代环境技术股份有限公司、永清环保股份有限公司、中节能大地（杭州）环境修复有限公司、上海格林曼环境技术有限公司、河北煜环环保科技有限公司等一大批专业土壤修复公司的技术或工程获得实用技术和示范工程荣誉，说明我国土壤与地下水修复技术成果大量转化为土壤与地下水修复工程服务能力，土壤与地下水修复行业技术水平有了明显提升。

## 7.9 我国土壤与地下水修复行业技术研发展望

通过对国内外土壤修复技术领域近 20 年来的专利布局情况与近 10 年来 SCI 论文研究热点进行分析比较可以发现，我国土壤与地下水修复行业经过了 10 余年的快速发展，技术研发工作紧跟国际前沿，成果快速转化为土壤与地下水修复治理工程能力，形成了较完善的研究布局，培育了一批科研机构和专业技术公司，部分技术达到国际先进水平。整体来看，我们在土壤与地下水修复技术领域的研究产出较多，增速明显高于其他国家。本书编写组认为，热脱附、化学氧化/还原和固化/稳定化仍将是三大土壤与地下水修复行业的主流技术方向。由于我国污染场地污染物组分复杂、污染浓度高、修复周期短，热脱附技术具备的广谱高效的性能特点能够较好地适应我国土壤修复行业的需求，因此该技术近年来得到快速发展。本书编写组预测热脱附技术将会同时在电加热热传导、燃气加热热传导和电阻加热 3 个技术方向全面发展。市场对原位热脱附和异位热脱附专用设备的需求量将有所增加。吸附技术、焚烧技术、蓄热式热力焚化炉（RTO）和低温冷却等热脱附的尾气处理技术将得到同步发展。回转式间接热解析装备将得到更多的应用。在挥发性有机污染场地修复工程中，土壤气相抽提（SVE）或多相抽提技术等物理技术的应用数量将增多。原位化学氧化/还原技术将依然是地下水污染修复的重要技术手段，修复药剂的精准投加技术将得到发展。重金属污染土壤的修复仍将主要采用固化/稳定化技术；此外，淋洗技术的应用也将增多。随着土壤修复行业的快速发展，我国污染场地修复关键技术与设备国产化水平将快速提升，各修复环节的专用技术设备将呈现多样化快速发展的态势。

从我国土壤与地下水修复技术专利布局和 SCI 研究论文发表在国际上的排名来看，我国在该领域的研发工作紧跟国际前沿。但从当前修复技术工程化应用情况来看，我国工程一线的常用技术与 SCI 论文前沿研究的高频关键词表现出一定的差异。目前，我国土壤修复的主流技术主要为原位/异位热修复、化学氧化/还原和固化/稳定化技术等，而国际上的研究热点是生物修复、植物修复、生物降解、生物炭等生物方法。这种差异主要原因是我国土壤修复行业处在发展初期阶段。我国的修复项目普遍工期短、污染重、污染成分复杂、修复标准高，因此，一般需要采用热脱附等的广谱、高效、周期短的修复技术。近年来，在风险管控思路指导下，我国污染场地修复和风险管控相结合的技术路线正在兴起，本书编写组预测未来将有更多污染场地根据使用功能和规划，采用工程修复和风险管控相结合的修复方案。随着修复工程经验的积累，工程实施方式也将由单纯的修复工程施工为主，向修复与风险管控方案并重的修复方式转变。与此同时，具有长效性、经济性和可持续改善环境的生物修复技术将在污染场地的长期风险管控工作中发挥更大的作用。

此外，在线污染物监测筛选技术和地层刻画技术等精准监测技术将在修复项目中推广应用，污染源-地层-地下水的精细三维识别技术和与之对应的大数据分析将提升土壤与地下水修复工作精准化水平。多种技术的耦合应用将变得更为普遍。在产企业修复将成为行业新热点。风险管控技术及配套的监测管理技术将成为行业研发重点。土壤环境管理工作和风险管控工作将会推动大数据、人工智能技术在土壤与地下水修复行业的应用，土壤环境监控预警体系、风险管控平台和污染精准修复技术体系将逐步成熟。

在农用地污染治理方面，本书编写组预测行业将坚持农用地以风险管控为主的总体思路，更多地采用替代种植、退耕还林还草、退耕还湿、轮作休耕、轮牧休牧等风险管控措施；针对中、低风险污染农用地，行业将以农艺调控、种植结构调整、原位稳定化为主要技术手段，推动中、低风险污染农用地的安全利用，实现保障农产品质量安全、提高受污染农用地利用率的双重目标。

# 第8章

# 主要结论和建议

## 8.1　土壤与地下水修复技术专利布局热度

全球土壤与地下水修复技术发展经历了技术萌芽期、快速发展期、成熟期和二次快速发展期几个阶段，目前全球专利布局正处于二次快速发展期，专利布局热度高涨。近 20 年来该技术领域专利布局数量稳步增长，近 10 年来呈现加速增长态势。

从专利申请人国籍来看，土壤与地下水修复技术专利申请主要集中于中国、日本、韩国和美国。这 4 个国家近 20 年专利授权数量超过 1 000 件，欧洲专利申请人的专利授权数量达到 799 件，加拿大专利申请人专利授权数量为 151 件，其他国家在该技术领域的专利授权数量均未超过百件。

从专利申请人国家授权专利数量来看，2000—2010 年日本专利布局数量增长快速，2010 年以后，布局数量有所下降。韩国在近 20 年间对该领域专利的布局数量呈现波浪式增长态势。美国在开始阶段专利布局数量大，后期专利布局数量萎缩，到 2013 年以后又开始增加了专利布局数量。近 10 年，中国完成了大量的专利技术积累，从 2015 年起，中国在土壤与地下水修复技术领域的专利授权数量占全球该技术领域专利授权数量的占比就已经超过了 50%，2019 年这一占比则超过了 60%。本书编写组认为，无论是美国从 2013 年起再次强化专利布局还是中国近 10 年来的专利数量大增，都同中国土壤与地下水修复市场的兴起有着直接联系。

从专利布局的区域来看，中国、日本、韩国专利布局重心都集中在其本国范围内。中国布局于本国的专利数量占其全部专利数量的比例高达 99%，日本在其国内布局专利数量占其全部专利总数的比例也高达 89%。日本籍、韩国籍专利申请人对外进行布局的专利，主要是在美国、中国完成的。美国籍专利申请人对外进行专利布局数量占其专利总数的比例高达 29%，美国进行专利布局的重点区域包括加拿大、欧洲、澳大利亚、中国和日本。

从专利数量上看，中国已经发展成为拥有土壤与地下水修复技术专利最多的国家，成为这一领域的专利大国。从布局区域来看，美国和中国是其他发达国家对外输出技术的重点区域，说明这 2 个国家在土壤与地下水修复市场的吸引力较强。

## 8.2 土壤与地下水修复技术领域专利布局机构与竞争态势

中国的专利布局力量主要集中于企业、院校和研究所等机构。特别是院校和研究所研究力量强大，其专利布局数量占中国布局专利总数的比例高达 57.72%，远超其他国家同类型专利申请人布局的比例。浙江大学、河海大学、中国科学院沈阳应用生态研究所是我国获得专利授权量排名前 3 的机构。我国企业申请了大量的实用新型专利，本书只分析了授权的发明专利，所以从专利数据上看我国企业获得的专利较少。我国授权发明专利数量排名前 3 的企业是中国石油化工股份有限公司、北京建工环境修复股份有限公司和江苏盖亚环境科技股份有限公司。

从全球来看，土壤与地下水修复技术领域专业布局主体是企业，企业申请的专利数量占专利申请总量的比例高达 65.40%。日本、韩国和美国企业申请专利数量占其专利申请总量比例超过了该值。

从机构的竞争态势看，2000—2009 年，日本、美国机构的竞争能力处于领先地位。其中，专利技术性和专利申请人实力较强的机构是荷兰皇家壳牌石油公司，专利技术性领先较强的主要有佳能公司和株式会社大林组，专利申请人综合实力较强的是栗田水业有限公司。2010—2019 年技术领先的机构是中国科学院，并且主要参与全球专利技术竞争的机构大部分都来自中国。

从中国土壤与地下水修复技术专利布局机构的专利数量分布现状反映

出，我国现有土壤与地下水修复技术研发主体仍然是院校和研究院所，近年来我国技术总体水平快速提升。但是，相较之下，我国企业的创新能力不足，缺乏国际竞争力。同时，本书编写组发现我国自主研发的许多技术处于小试或中试阶段，科研与工程应用脱节的问题较为突出，技术产业化水平落后于发达国家，核心技术和装备方面存在明显短板。

## 8.3 土壤与地下水修复技术专利布局的领域分析

土壤与地下水修复技术 IPC 技术主要分布于 B09C1/08（化学方法复原）、B09C1/00（污染的土壤的复原）、B09C1/10（用微生物方法或利用酶）、B09C1/02（液体萃取方法）、B09B3/00（固体废物的破坏或将固体废物转变为有用或无害的东西）、C12N1/20（细菌及其培养基）。

B09C1/08（化学方法复原）、B09C1/00（污染土壤的复原）和 B09C1/10（用微生物方法或利用酶）都是各国布局的重点技术领域。但是各国在不同技术领域也有所侧重，如中国较为重视 C12N1/20（细菌及其培养基）领域的专利布局。日本和韩国较为重视 B09C1/02（液体萃取方法）领域专利的布局。

从技术主题聚类来看，中国专利布局的热点集中于土壤固化剂、土壤重金属、软土地基、石油污染土壤和降解菌株等技术子领域。美国的专利布局主要集中于化学氧化、无机固体、细菌污染物、土壤修复和地形学等技术子领域。日本专利布局热点集中于被污染 1、土壤稳定化、重金属、分解促进剂和被污染 2 等技术子领域。韩国专利主要集中布局于修复系统、土壤固化剂、净化系统、假单胞菌属和地面等技术子领域。

## 8.4 土壤与地下水修复技术核心专利分布情况

中国是掌握土壤与地下水修复技术核心专利最多的国家，达到 272 件；美国的核心专利数量为 197 件，排名第 2。中国的核心专利集中在 2015—2019 年公开，美国的大部分核心专利集中在 2003—2009 年公开。

持有核心专利较多的机构有科尔福特技术公司、荷兰皇家壳牌石油公司、巴特尔能源联盟有限责任公司、埃斯科解决方案有限责任公司、清华大学、北京建工环境修复股份有限公司、中国农业科学院农业资源与农业区划研究所、成都新朝阳作物科学股份有限公司等。其中，科尔福特技术公司和荷兰皇家壳牌石油公司的核心专利数量都超过 10 件。

经过相关专家的标引分类研究发现，核心专利主要集中于化学修复技术、生物修复技术和物理修复技术领域。其中，中国的核心专利大部分集中在化学修复技术领域。化学修复技术核心专利主要集中于土壤改良、化学氧化/还原和固化/稳定化等子技术领域。生物修复技术核心专利主要集中于微生物修复、强化生物修复等子技术领域。物理修复技术核心专利主要集中于热处理和土壤淋洗等子技术领域。

## 8.5 土壤与地下水修复科研态势

本书对土壤与地下水修复技术领域全球研究进行了文献分析，从整体上了解了该领域国际科研态势。近 10 年该领域 SCI 论文发表量稳定，从国家科技计划、科技奖励获奖项目数量、技术示范推广工作数据来看，研究热度呈现增加态势。

中国和美国在 SCI 论文发表数量上具有明显优势。论文发表量排名前 15

的机构有 10 家来自中国。SCI 论文发表量排名前 5 的机构依次是中国科学院、浙江大学、中国地质大学、北京师范大学和西班牙国家研究委员会。但是在论文影响力方面，英国、澳大利亚、韩国和美国等国家的每篇论文的平均被引次数较高，中国论文的平均质量仍然有提升空间。

结合专利分析和论文分析，本书编写组预测未来我国工业污染场地修复技术将会从异位修复向原位修复，从单项技术向复杂、耦合的综合修复技术，从服务于单种污染物的修复技术，向多种污染物复合污染土壤的耦合集成式修复技术发展。原位修复技术方面，原位热脱附、原位化学氧化/还原等技术以及它们与其他修复技术（生物修复、监测自然衰减）组成的耦合技术将得到更多的应用。异位修复技术方面，热脱附技术、土壤淋洗技术、固化/稳定化技术将在修复工程中保持较大的应用比例。从业人员在修复技术选择、设备选型以及材料筛选上将遵循安全、绿色、可持续的原则。

从 SCI 论文分析中可知，土壤与地下水修复技术领域科研论文的高频主题词集中于重金属、生物修复、植物修复、生物降解、多环芳烃、砷、镉、生物炭、萃取和风险评估等，其中生物修复技术是当前研究的重点。随着土壤与地下水修复国家政策的逐步完善和行业发展的逐步成熟，绿色、可持续的生物修复技术将成为今后重要的研发方向。

## 8.6 建议

综合本书分析结果，结合土壤与地下水修复技术专利布局的实际情况，为我国相关技术的发展提出以下建议。

（1）加强产学研结合，提升企业创新能力

目前，全球的主要创新力量集中于企业。而我国的情况较为特殊，院校和研究所与企业共同占据专利申请的重要地位，但是，我国院校和研究所在我国专利权利转移（或许可）活动中的参与比例仅有 17.58%，说明我国院校和研究所的技术优势向产业能力转化的通道还不够顺畅。本书编写组建议从业人员继续深化产学研合作，充分利用院校和研究所的研发能力，提高成果转化率，建议进一步强化企业在技术创新中的主体地位。

（2）加强在国外主要市场的专利保护，适当关注新兴市场

我国科研人员在国内进行专利布局较为积极，布局国外专利的比例很低，在对外进行技术输出和知识产权保护等方面做得不够，同时面临着其他国家在技术和市场方面的竞争。

目前，中国和美国是其他发达国家布局技术专利的重点区域，说明这 2 个国家土壤与地下水修复市场巨大，具备强大的吸引力。但是，由于土壤和地下水污染是一个全球性的问题，其他发展中国家同样会遇到环境污染问题。本书编写组建议我国技术研发机构把眼光放长远，盘活目前已经掌握的核心专利，在不断强化技术创新和积累的同时，积极面向国外开展土壤与地下水修复市场调研，提前开展有针对性的国际专利布局工作。

（3）加速开展核心技术、材料、装备的产业化研发

我国在土壤与地下水修复技术领域存在研究偏基础、产业化水平较低的问题。我国在工业污染场地修复核心技术、材料、装备等方面还处于追赶状态，技术原创性不足，风险管控技术基础薄弱。本书编写组建议，我国从业人员一方面应该努力发展适应中国复杂污染物类型并能快速达到修复目标的广谱、高效的修复技术；另一方面，需要发展成本低廉、能有效防止污染物迁移的污染源阻隔技术及自然衰减监测技术。未来需要在土壤修复技术研发的创造性和产业化方面加倍努力，尤其要密切跟踪发达国家基于风险管控思路下的新型技术的发展。

（4）密切关注国外竞争对手的专利布局情况和基础研究情况

通过对国外以及国内机构的专利申请机构分析可以看出，近些年来，发

达国家对土壤与地下水修复领域的专利布局呈现回暖态势。高价值的专利可能会形成市场竞争时的技术壁垒，对我国从业企业造成竞争压力。本书编写组建议我国从业企业、高校、科研院所等单位能够参考本书提供的科研趋势线索，密切跟踪研究主要竞争对手的专利布局情况和研发前沿趋势，做好专利壁垒风险防范，保障我国土壤与地下水修复行业安全健康发展。

# 附表　土壤与地下水修复领域相关检索式

| 检索内容 | 检索日期 | 检索平台 | 检索式 |
|---|---|---|---|
| 土壤与地下水修复技术专利数据检索式 | 2020年1月15日 | Innography专利平台 | @* (IPC_B09C001 or IPC_F23G007014 or IPC_C02F103006) or (@(abstract, title) ("Inorganic pollutant*" or Chromium or Cr or Cadmium or Cd or Copper or Cu or lead or Pb or Zinc or Zn or nickel or Ni or metalloids or arsenic or As or Selenium or Se or Salt* or "volatile organic Compounds" or VOC or VOCS or "organic pollutants*" or "Petroleum hydrocarbons" or "Benzene homologues" or BTEX or "Semivolatile organic compounds" or SVOCs or "Polychlorinated biphenyls" or PCBs or "Polycyclic aromatic hydrocarbons" or PAHs or "organic pesticides" or "organic-inorganic combined pollutions" or "physical remediation technique*" or "thermal treatment" or "thermal desorption" or "in situ thermal desorption" or "steam heating" or "thermal conduction heat*" or "electrical resistance heat*" or "ex situ thermal desorption" or "co-processing in cement kiln" or "Incineration" or extraction or "Soil vapor extraction" or "multi-phase extraction" or "electrokinetic remediation" or solidification or stabilization or "remediation reagent*" or "Soil flush*" or "air sparg*" or "vertical Engineered barrier" or "monitored natural attenuation" or MNA or "In Situ Chemical Oxidation" or "soil flush*" or "soil wash*"or "soil leach*" or "contaminated sites" or "contaminated soil" or "contaminated land" or bioremediation or bioventing) and (soil or land or groundwater or "ground water" or "underground water") @* (ipc_A01B077 or ipc_A01N065 or IPC_A01G011 or IPC_B09C001 or IPC_B09C001006 or IPC_C05G003004 or IPC_C09K017 or IPC_E02D003 or IPC_E02D003002 or IPC_E02D031 or IPC_F23G007014 or IPC_G01N or IPC_C12N or IPC_C02F103006 or IPC_C02F or IPC_B01J020 or IPC_A62D003 or IPC_A62D101)) |

| 检索内容 | 检索日期 | 检索平台 | 检索式 |
|---|---|---|---|
| 土壤与地下水修复技术专利SCI论文数据检索式 | 2020年1月26日 | Web of Science检索平台（SCI平台） | TS=((“Inorganic pollutant*” or “volatile organic Compounds” or VOC or VOCS or “organic pollutants*” or “Petroleum hydrocarbons” or “Benzene homologues” or BTEX or “Semivolatile organic compounds” or SVOCs or “Polychlorinated biphenyls” or PCBs or “Polycyclic aromatic hydrocarbons” or PAHs or “organic pesticides” or “organic-inorganic combined pollutions” or “physical remediation technique*” or “thermal treatment” or “thermal desorption” or “in situ thermal desorption” or “steam heating” or “thermal conduction heat*” or “electrical resistance heat*” or “ex situ thermal desorption” or “co-processing in cement kiln” or “Incineration” or extraction or “Soil vapor extraction” or “multi-phase extraction” or “electrokinetic remediation” or “remediation reagent*” or “Soil flush*” or “air sparg*” or “vertical Engineered barrier” or “monitored natural attenuation” or “In Situ Chemical Oxidation” or “soil flush*” or “soil wash*”or “soil leach*” or “contaminated sites” or “contaminated soil” or “contaminated land” or bioremediation or bioventing) and (soil or groundwater or “ground water” or “underground water”)) and WC= Environmental Sciences |